Das Gernröder Wasserwirtschaftssystem – ein Relikt der bergbaulichen Aktivitäten des 18. Jahrhunderts

Bernd Sternal & Günter Wilke

Bibliografische Information der Deutschen Nationalbibliothek
Die Deutsche Nationalbibliothek verzeichnet diese Publikation in der Deutschen Nationalbibliografie; detaillierte bibliografische Daten sind im Internet über dnb.d-nb.de abrufbar.

Impressum:
© 2019 Bernd Sternal, Günter Wilke
Herausgeber: Verlag Sternal Media, Gernrode
Gestaltung und Satz: Sternal Media, Gernrode
          www.sternal-media.de
          www.harz-urlaub.de

Umschlagsgestaltung: Sternal Media
Fotos, Karten & Abbildungen: Günter Wilke, Thale, Bernd Sternal sowie siehe Bildlegenden

1. Auflage Mai 2019
ISBN: 978-3-7347-3421-2
Herstellung und Verlag:
BoD- Books on Demand, Norderstedt

Vorwort

Der Thalenser Heimatforscher Günter Wilke hat sich seit vielen Jahren der Erforschung des historischen Bergbaus verschrieben und darüber zahlreiche Aufsätze verfasst. Er beschäftigt sich in seinen Forschungen in der Regel mit jenen Bergbauaktivitäten, die in Vergessenheit geraten sind oder denen dieser Zustand droht. Einige seiner Arbeiten konnte er in regionalen Printmedien wie „Unser Harz" veröffentlichen, andere sind nur einem kleinen Kreis Interessierter bekannt geworden oder gänzlich unveröffentlicht. Um der engagierten Arbeit von Günter Wilke die ihr zustehende Anerkennung und Würdigung zukommen zu lassen, und einem breiteren Kreis an Bergbauinteressierten seine Arbeiten zugänglich zu machen, habe ich mich als Publizist, Buchautor und Verleger entschlossen aus einigen seiner Forschungsarbeiten kleine Bücher zu machen.

Den Anfang dazu macht Wilkes Manuskript aus dem Jahr 2005 „Das Wasserwirtschaftssystem um den Bremer Teich bei Gernrode in der 2. Hälfte des 18. Jahrhunderts", das hier bearbeitet von mir nun als Buch erscheint.

Bernd Sternal   im März 2019

Für die tatkräftige Unterstützung sowie die zur Verfügung gestellten Unterlagen und Informationen danke ich Frau Schade vom Ballenstedter Stadtarchiv, Frau Klußmann vom Gernröder Stadtarchiv, den Mitarbeitern des Forstamtes Harzgerode, Herrn Kaschner und Herrn Stuy, Frau Elstermann aus Alexisbad, Herrn Mente aus Harzgerode und Herrn Fritsch aus Friedrichsbrunn. Meinen herzlichen Dank möchte ich zudem meinem unermüdlichen Helfer Dieter Thomas sowie meinem Wanderkameraden Siegbert Schulze aussprechen.

Günter Wilke   im März 2019

Einführung

Der Harz war über tausend Jahre und wohl noch viel länger eine der bedeutendsten Bergbauregionen Deutschlands und Europas. Der Abbau von Silber, Blei, Kupfer, Eisen und anderen Mineralien bestimmte die Geschicke des Harzes. Wo Bergbau betrieben und Mineralien gefördert wurden, benötigte man auch reichlich Holz und Wasser für die weiteren technologischen Abläufe. Das Holz war allgegenwärtig, mit dem Wasser war es zweischneidig: Wo es benötigt wurde, stand es nicht immer in ausreichender Menge zur Verfügung. Wo es behinderte, beim Abbau in Schächten und Stollen, war es ein Übel.

Aber die Menschen damals waren schöpferisch und kreativ. Und so schufen sie zunächst ein einzigartiges System der Entwässerung, Wasserableitung, Wasserspeicherung sowie der Erzeugung und Nutzung von Wasserkraft. Der bedeutendste Teil dieses Systems, geschaffen in der Zeit von 1530 - 1870, heißt heute Oberharzer Wasserregal. Es umfasste einst 143 Teiche, 500 Kilometer Gräben und 30 Kilometer unterirdische Wasserläufe. Zudem war es maßgeblich dafür verantwortlich, dass in der frühen Neuzeit am Harz eines der größten Industriegebiete Deutschlands entstehen konnte.

Heute ist das Oberharzer Wasserregal Weltkulturerbe und natürlich auch ein technisches Denkmal. Zudem legt es ein beredtes Zeugnis von der Bergbau- und Ingenieurskunst im Harz ab. Es gilt als das weltweit bedeutendste vorindustrielle Wasserwirtschaftssystem des Bergbaus. Verantwortlich für den Betrieb und Erhalt sind heute die Harzwasserwerke. Die noch existierenden 65 Teiche, 70 Kilometer Gräben und 20 Kilometer Wasserläufe werden von ihnen erhalten. Sie erstrecken sich über ein Gebiet von rund 200 Quadratkilometern im niedersächsischen Teil des Harzes, wobei die meisten Bauwerke im Raum Clausthal-Zellerfeld, Hahnenklee, Sankt Andreasberg, Buntenbock, Wildemann, Lautenthal, Schulenberg, Altenau und Torfhaus zu finden sind. Dort gibt es zahlreiche Wanderrouten, die in das Gebiet des Oberharzer Wasserregals führen und neben der wildromantischen Landschaft auch einen nachhaltigen Eindruck über das Schaffen unserer Vorfahren geben.

Regal bedeutet in diesem Zusammenhang Herrschaftsrecht (lateinisch iura regalia = königliche Rechte; Singular: Regal = Königsrecht). Mit dem Bergregal verlieh der Landesherr das Recht, Bergbau zu betreiben und mit dem Wasserregal das zur Verfügung stehende Wasser dafür zu nutzen.

Das Oberharzer Wasserregal wurde von den Braunschweiger Herzögen errichtet, die Landesherren waren und die Regalien verliehen.

Jedoch wurde auch in anderen Harzregionen, die zudem andere Landesherren hatten, intensiver Bergbau betrieben: so auch im Unterharz. Das Gesamtsystem des Unterharzer Teich- und Grabensystems liegt auf dem Gebiet der heutigen Landkreise Harz und Mansfeld-Südharz und wird in mehrere Teile untergliedert. Der einzige historische gewachsene und zusammengehörige Teil wird Unterharzer Wasserregal genannt, liegt im mittleren Unterharz und heute fast vollständig auf dem Gebiet der Stadt Harzgerode zwischen Neudorf, Silberhütte, Straßberg, Großem Auerberg und oberer Lude.

Dieses Wasserwirtschaftssystem erreichte nie die Größe des Oberharzer Wasserregals, was den geografisch-klimatischen Verhältnissen geschuldet war. Die angeschnittenen Flusseinzugsgebiete waren ausschließlich Quellgebiete und Oberläufe kleiner Gebirgsbäche und zudem waren die Niederschlagsmengen nicht mit denen des Brockengebietes und des Oberharzes vergleichbar. Zudem erreichte der Unterharzer Bergbau nie die Bedeutung des Oberharzer Bergbaus, was auch mit den weniger ertragreichen Mineralvorkommen in Zusammenhang stand.

Das Unterharzer Wasserregal verlor 1939 seine letzte Bedeutung, als der vom Teufelsteich ausgehende Aufschlaggraben nicht mehr für die Stromerzeugung in Silberhütte genutzt wurde. Was nicht mehr gebraucht wird, wird schnell vergessen und was vergessen wird holt sich die Natur zurück.

Erst mit der Wiedervereinigung kam das gesamte Unterharzer Teich- und Grabensystem wieder in den Fokus der Öffentlichkeit und wurde 1991 als Flächendenkmal unter Schutz gestellt.

Im gesamten Unterharz gab es etwa 300 Teiche. Davon waren 36 größere Bergbauteiche, die eine Gesamtstaukapazität von 2,6 Mio. m³ hatten. Im Unterharzer Wasserregal von Harzgerode gibt es 24 Stauteiche, die in ein System von Gräben und Röschen (Wasserableitung aus den Stollen) eingebunden waren.

Das eigentliche Anliegen dieses Buches ist jedoch die Darstellung eines kleinen, vergessenen Wasserwirtschaftssystems auf dem Gebiet der Stadt Gernrode, dem wir uns im Folgenden zuwenden wollen.

Das Gernröder Wasserwirtschaftssystem

Beim Sammeln von Pilzen stieß Manfred Wilke eines Tages im Gernröder Forst, zwischen dem Spiegelbach und dem Bremer Dammteich, auf einen trockenen Graben. Hohlwege, Gräben und Pingen sind in diesem Teil des Ostharzes allgegenwärtig. Sie stammen aus älterer Zeit oder auch aus jüngerer. Auf den ersten Blick ist es oftmals schwer diese menschlichen Aktivitäten zeitlich ein- und zuordnen zu können. In diesem Gebiet finden sich auch zahlreiche Hinterlassenschaften des 2. Weltkriegs wie Schützenlöcher und Schützengräben, zudem hat die Wismut AG Spuren ihrer Prospektierungen hinterlassen.

Dieser von Wilke entdeckte Graben ließ ihm jedoch keine Ruhe, denn er schien recht alt und zudem etwas Besonderes zu sein. Daher wurde er abgewandert und dokumentiert. Zudem wurde nach Informationen, also schriftlichen Quellen, gesucht, was sich als sehr schwierig herausstellte. In den regionalen Archiven war über diesen Graben fast nichts zu finden. Eine solche Suche in historiografischen Dokumenten stellt sich besonders zu Beginn von Recherchen auch immer sehr schwierig dar, wenn man eigentlich noch nicht genau weiß, wonach man eigentlich sucht. Da können oftmals andere Heimatforscher oder „Langeingesessene" eine unentbehrliche Hilfe sein. So war es auch zunächst bei Wilke, der auf diese Weise einzelne Informationen bekam und diese Baustein für Baustein zusammentrug. Es ergab sich, dass noch ein weiterer Graben vom Friedenstal bis zum Bremer Dammteich in seiner ganzen Länge nachvollziehbar existent ist. Auch dieser Graben wurde – manchmal unter großen Schwierigkeiten – abgelaufen und dokumentiert.

Nun ausgestattet mit einem Wissen, das Recherchen erheblich erleichtert, kamen weitere historische Informationen hinzu. In Auswertung aller dieser Unterlagen ergab sich ein Wasserwirtschaftssystem Gernrode – Bremer Dammteich – Friedenstal, dessen Kerne die Teiche der Region waren. Es wurden viele Informationen zusammengetragen, die das Bild eines regional begrenzten Wasserwirtschaftssystems zeichneten, dennoch aber einige Lücken aufweist, weil die historische Aktenlage insgesamt einfach dünn ist.

Daher war es notwendig auf einige Indizien sowie Vermutungen zurückzugreifen, was wissenschaftlich zwar zulässig ist, jedoch auch fehlerbehaftet sein kann. Zudem konnten die angegebenen Höhen nur aus den Höhenschichtlinien der topografischen Karten mit Maßstab 1:10.000 ermittelt werden, da die damaligen GPS-Geräte meist ungenaue Höhenwerte lieferten; hingegen waren die GPS-Koordinaten recht genau.

Die Teiche des Wasserwirtschaftssystems

Es ist eine geologische Eigenart des Harzes, dass in ihm Stillgewässer – also Teiche und Seen – natürlichen Ursprungs fast völlig fehlen. Ausnahmen bilden dabei ausschließlich die Südharzer Karstlandschaft sowie die vorhandenen Sumpfgebiete.

Pioniere beim Anlegen künstlicher Gewässer waren im Mittelalter Mönche, insbesondere der Zisterzienserorden tat sich hervor, denen jedoch schon bald andere Ordensgemeinschaften nachfolgten.

Die Begründung dafür ist so einfach wie perfide. Die Kirche legte im Mittelalter Fastenzeiten fest, die unterschiedlich lang waren – mitunter 130 Tage im Jahr – und vorrangig dazu dienten Hungerzeiten beim Volk zu verschleiern: alles im Namen Gottes. Doch die kirchlichen Würdenträger selber hielten sich wenig an ihre eigenen Regeln, sie schufen sich Privilegien. Entsprechend der Situation wurden nicht nur die Fastenzeiten verändert, sondern auch die Regeln, was in ihnen gegessen werden durfte. Jedoch war Fleisch grundsätzlich verboten. Die Mönche suchten einen Ausweg und der hieß: Fisch. Jedoch war der Fischfang ein aufwendiges Geschäft. Daher begannen die Mönche kleine Teiche anzulegen um sich ihre Fische zu züchten. So entstanden die ersten künstlich angelegten Teiche – wohl auch in der Harzregion. Zudem wurden andere Tiere, die auf oder am Wasser lebten, wie Wasservögel und auch Biber den Fischen zugeordnet.

Die Klöster wurden zu größeren Wirtschaftsbetrieben, die zudem den Bergbau förderten. Bereits im 14. Jahrhundert wurden im Unterharz Stauteiche errichtet. Sie dienten zum einen der Fischzucht, jedoch schon bald auch, um den Betrieb von Wasserrädern zu gewährleisten. Über die Erbauer dieser Teich wissen wir fast nichts: Waren es Mönche? Wir wissen es nicht.

Die Teiche entstanden durch einfache Erdwälle, die das Wasser kleiner Bergbäche anstauten. Man lernte und sammelte Erfahrungen: Es wurden Steinpackungen in die Dämme eingebracht, wasserdichte Tone verwendet und die Talseite mit Rasen bedeckt – alles um die Stabilität der Dämme zu erhöhen. Die Teufen der Bergwerke wurden immer größer, was der Wasserwirtschaft immer größere Bedeutung zukommen ließ: Die Stauteiche wurden größer und die Dämme höher. Dennoch hatte die Höhe alter Stauwerke technische Grenzen. Reichte diese nicht, so behalf man sich beispielsweise mit der Anlage von Kaskaden. Der Grundablass befand sich an der tiefsten Stelle und bedingte eine Striegel-Anlage (Verschlussanlage an Kunstteichen mit kleinen Stauanlagen).

Die Anlagen bestehen aus Striegel-Gerenne, Zapfen und Zugspindel, wobei das Striegel-Gerenne der Grundablass des Stauteiches ist. Er bestand aus dicken Eichenstämmen, die mit der Axt ausgehauen – später ausgebohrt – wurden. Mit einem fetten Lehm-Ton-Gemisch wurde die Striegel-Renne abgedichtet und zudem mit einer Abdeckung aus Rasensonden und Moos versehen. Auf diese Weise wurde das Eichenholz feucht gehalten, was bei Eichenholz einen sehr guten und langanhaltenden Konservierungseffekt bewirkt. Zu späteren Zeiten wurden die Grundablässe dann durch gusseiserne und Betonabläufe ersetzt. Zudem wurde der Ablass konstruktiv in den Staudamm integriert, so dass von der Dammkrone aus der Ablass reguliert werden konnte.

In das Striegel-Gerenne eingelassen wird der Zapfen, der technisch einen Absperrschieber darstellt. Durch einen langen Schacht wird ein Gestänge in Form einer Zugspindel nach oben geführt. Im Striegelhaus über der Wasseroberfläche des Stauteiches kann der Zapfen gezogen oder abgesenkt werden, wodurch die Abflussmenge reguliert werden kann.

Verstärkt wurde der Bau der Unterharzer Teiche im Zuge des intensivierten Bergbaus im 16. bis 19. Jahrhundert vorangetrieben:

Grund waren die dafür benötigten großen Wassermengen sowie die zunehmenden Probleme bei der Wasserhaltung in den Gruben. Jedoch war der Vernetzungsgrad der Wasserwirtschaftssysteme gegenüber denen im Oberharz eher gering. Verantwortlich dafür war, dass der Bergbau im Unterharz nie eine Bedeutung wie im Oberharz erlangte, was vorrangig an den weniger mächtigen Lagerstätten lag. Zudem war durch die politisch-territoriale Zersplitterung in mehrere, kleinere Herrschaftsgebiete ein systematischer Ausbau im Unterharz sehr problematisch.

Der Bremer Teich – der Zentrumteich des Gernröder Wasserwirtschaftssytems

Es gibt Literatur, in der erwähnt wird, dass der Bremer Teich von Mönchen errichtet wurde. Sichere Belege dafür gibt es nicht. Es ist jedoch keinesfalls auszuschließen, denn das Benediktinerkloster Hagenrode lag nicht weit entfernt.

Um 1730 wurde, während der Regierungszeit von Fürst Victor Friedrich von Anhalt-Bernburg, in einem Feuchtgebiet mit natürlichem Abfluss zur Selke hin, ein Stauteich errichtet. Er soll zum Fangen von Hirschen gedacht gewesen sein, woher sein ursprünglicher Name Hirschteich stammt, was aber in den Bereich der Sagen und Legenden zu verweisen ist. Sein heutiger Name Bremer Teich ist von Ingenieur Bremer abgeleitet, der den Damm konstruiert hat.

Bleibt die Frage: Warum wurde der Teich angelegt? In Unmittelbarer Nähe wurde wohl kein Bergbau betrieben, es ist jedoch auch nicht auszuschließen. Bei der Prospektierung des Bergbaus im Hagental wurde umfangreicher Altbergbau angetroffen, der bis über den Neuen Teich hinausreichte. Historische Quellen dazu sind jedoch bisher nicht bekannt.

Am Fuß des Staudamms befand sich ein Graben, der Wasser in Richtung Ostergrund bei Gernrode leiten konnte, also vom Einzugsgebiet der Selke in das der Bode, worauf später noch eingegangen wird. Der Wasserspiegel konnte etwas höher als heute angestaut werden, wie an dem alten Überlauf heute noch erkennbar ist.

In den Jahren 1968/79 sowie 2010/11 erfolgten umfassende Sanierungs- und Modernisierungsmaßnahmen am Damm. Als Staudamm dient heute ein Erd-Damm mit Kern- und Außenhautdichtung. Der Damm ist 13,1 Meter hoch, 112 Meter lang und 3 Meter breit. Der Stauteich hat eine Fläche von 3,7 ha sowie einen Gesamtstauraum von 0,127 Millionen Kubikmeter. Er dient heute als Angel- und Badegewässer sowie zum Hochwasserschutz.

Seit den 1950er Jahren hat sich das Teichumfeld zu einem Naherholungszentrum mit Zeltplatz, Jugendherberge, Ferienhütten und Gastronomie entwickelt.

Der Damm des Bremer Teichs bei Gernrode
Foto: Bernd Sternal 2007

1	2
3	

Der Bremer Teich bei Gernrode

1 Gesamtansicht (Luftaufnahme)
2 Ansicht nach Nord-Nord-West
3 Das natürliche Quellgebiet

Quellenangabe:
Foto 1 Talsperrenmeisterei des Landes
Sachsen-Anhalt: Talsperren in Sachsen-Anhalt,
Autorenkollegium 1994
Fotos 2, 3 - Günter Wilke, 2006

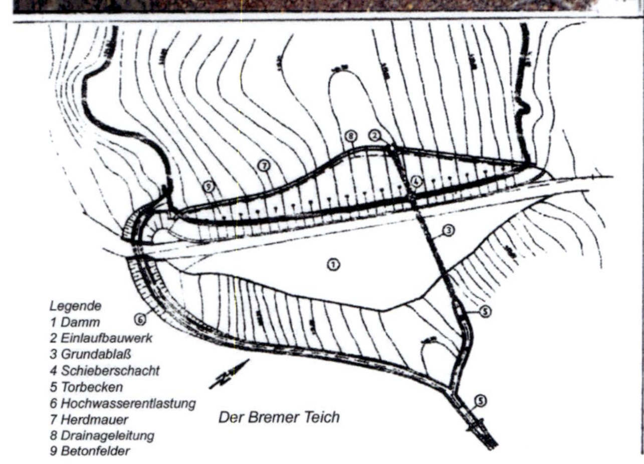

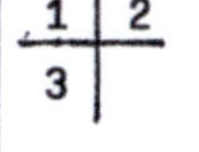

Der Bremer Teich bei Gernrode

1 Die alte Ausflut Wasserseite
2 Die alte Ausflut Luftseite
3 Der Teichdamm nach der Erneuerung

Quellenangabe:
Fotos 1, 2 - Günter Wilke, 2006
Abbildung 3 Talsperrenmeisterei des Landes
Sachsen-Anhalt: Talsperren in Sachsen-Anhalt,
Autorenkollegium 1994

Der Heilige Teich

Der Heilige Teich ist ein Stauteich, der vom Wellbach gespeist wird und im Wellbachtal liegt. Das Quellgebiet des Wellbachs befindet sich nordwestlich vom Sternhaus in einem Gebiet, das vom Rambergsweg, der Langen Allee und der L243 begrenzt wird.

Gemäß einer Sage gab es an der Stelle des heutigen Heiligen Teichs bereits im 10. Jahrhundert einen Teich. Die erste Äbtissin des Stiftes Gernrode, Hathui, Schwiegertochter des Markgrafen Gero, soll diesen Teich als geheimen Rückzugsort genutzt haben. Dort soll sie zudem Kranke und Gebrechliche geheilt und gepflegt haben. Am Tage ihres Todes im Jahr 1014 soll sich der Teich an ihrem Lieblingsort zunächst blutrot und dann leuchtend grün gefärbt haben, bis er schließlich wieder seine normale Farbe annahm. Das Gewässer soll von diesem Tage an „Heiliger Teich" genannt worden sein. Soweit die alte Sage.

Fürst Victor Friedrich von Anhalt-Bernburg beauftragte im Jahr 1745 Bergrat Müller, eine Vorrichtung zur Wasserhebung im Ostergrund zu bauen, die den dortigen Bergbau stabilisieren sollte. Um den Betrieb der Anlage zu ermöglichen, wurde 1746/47 der Heilige Teich als Stauteich angelegt. Allerdings erwies sich die Anlage als unwirtschaftlich, so dass dieser bereits 1749 wiedereingestellt wurde. Der Heilige Teich blieb jedoch erhalten.

1886/87 wurde die Selketalbahn gebaut. Sie quert auf einem steinernen Viadukt den Teich und trennte ihn so in einen kleineren westlichen und einen größeren östlichen Teil.

Das Gewässer hat eine Länge von ungefähr 280 Meter und eine Breite von etwa 85 Meter. Im 20. Jahrhundert wurde der Teich als Trinkwasserreservoir für Gernrode und Umgebung genutzt – heute hat er auch diese Bedeutung verloren und befindet sich in Privatbesitz.

1	2
3	

Der Heilige Teich

1 Ansicht in Richtung Süd-West
2 Der Teichdamm (im Hintergrund das Gleisbett der Selketalbahn)
3 Ablauf des Heiliges Teichs

Quellenangabe:

Fotos 1, 2 - Günter Wilke, 2006
Foto 3   - Bernd Sternal, 2009

Der Osterteich

Es gibt Vermutungen, dass an der Stelle des heutigen Osterteiches bereits vor dem ersten Dammbau im 15. Jahrhundert ein Weiher bestanden hat. Damit ist der Osterteich der älteste Stauteich im Gebiet. Er diente als Kraftquelle für ein Pochwerk, das die in den Bergwerken der Umgebung gewonnenen Mineralien zerkleinerte.

Im Jahr 1669 wurde dann durch den Bau eines größeren Damms der heutige Osterteich angelegt, um ein stärkeres Hammerwerk zu betreiben. Gespeist wird der Stauteich vom Wellbach, der weiter südlich bereits im Heiligen Teich erstmals gestaut wird. Es war eine Blütezeit des Bergbaus im Ostergrund, die Stollen und Schächte wurden in den Osterberg und den Herrenberg getrieben.

Im Ostergrund, unweit des Osterteiches, finden wir dazu ein Informationsschild zum Hauptschacht Goldener Bär sowie zu weiteren Schächten. Die Tafelinformation lautet: „Um 1530 war der „Tiefe Erbstollen" vom Osterteich 800 m unter dem Ostergrund vorgetrieben und die Lichtlöcher erhielten klangvolle Namen. Die Schächte erreichten in 15 bis 20 m Teufe den Stollen. Wegen starkem Wasserzulaufs konnte unter dem Stollen nicht gearbeitet werden. In 310 m Entfernung vom Mundloch war der Schacht „Goldener Bär", von dem ein Querschlag unter die alten Gruben im Osterberg führte. Die Schächte im Ostergrund trugen 1691 die Namen Gernröder Glückshafen, Höfliche Zeche, Alter und Neuer Himmlischer Segen und Getreuer Löwe."

Ab etwa 1700 lag der Bergbau dann – aus nicht genau nachweisbaren Gründen – wieder darnieder. Das Pochwerk wurde bereits 1713 zur Wassermühle – der Ostergrundmühle – umgebaut. Zugleich erhöhte man den Damm und flutete dadurch den Ostergrundstollen. 1750 erwarb Fürst Victor Friedrich von Anhalt-Bernburg die Mühle.

Ab etwa 1746 wurde dann unter Fürst Victor Friedrich eine neue Bergbauphase eingeläutet, die jedoch auch nicht von sehr langer Dauer war. Es wurden noch mehrere weitere Anläufe unternommen, die jedoch ebenso alle scheiterten. Während eines Unwetters im Jahr 1789 wurde der Deich zerstört. Die Mühle wurde dabei fortgerissen, Keller, Äcker und Wiesen überschwemmt.

Der letzte Versuch, den Bergbau am Osterberg zu reaktivieren, wurde im Jahr 1907 gestartet. Man wollte mehrere verschüttete Lichtschächte wieder freilegen. Dazu ließ man das Wasser des Osterteichs ab. Als man in 15 m Tiefe den Stollen erreicht hatte, öffnete das Forstamt jedoch den oberhalb gelegenen Heiligen Teich und flutete damit den Osterteich und somit auch den Stollen.

Zum Ende des Zweiten Weltkriegs versenkten deutsche Truppen Waffen und Munition im Osterteich. Nach umfangreichen Bergungsarbeiten wurde der Osterteich später als Badegewässer freigegeben. Im Jahr 1965 wurde der Damm erneut erhöht und dabei die alte Wassermühle abgerissen. 1977 wurde das am Teich befindliche Waldbad Osterteich eröffnet. Eine weitere Rekonstruktion erfolgte 1984, es wurde ein aus Beton gefasster Überlauf gebaut.

Seinen Namen hat der Teich wohl von den topografischen Bezeichnungen Osterberg und Ostergrund, die es bereits vor dem Bau des Teiches gab. Von wo jedoch das Bestimmungswort „Oster" abgeleitet ist, das es in der Harzregion mehrfach gibt, ist bisher strittig.

Der Schraderteich

Unterhalb des Osterteiches bestand eine Mühle. Von ihr sind heute noch einige Gebäude vorhanden. Zu der Mühle gehörte ein Teich, der von zwei kleinen Quellbächen gespeist wurde. Wann dieses als Schraderteich bezeichnete Gewässer entstand, ist nicht nachzuweisen. Seit Beginn des 20. Jahrhunderts wurde dieser Teich als Badegewässer genutzt, seine Umrisse sind heute noch nachvollziehbar, jedoch stark verwischt. Schraders Bad, wie der Teich auch genannt wurde, hatte seinen Namen von der Schradermühle und diente einst auch als Militärbadeanstalt für den nahegelegenen Fliegerhorst in Quarmbeck. Etwas unterhalb dieses Teiches lag noch ein kleines Stauwerk, das für das Aufschlagswasser der Wellbachmühle sorgte. Auch über dieses Gewässer konnten keine weiteren Informationen ermittelt werden.

Der Osterteich bei Gernrode

1   Der Osterteich von Süden
2   Das Gelände des ehem. Schraderteichs
3   Der Mühlenteich bei Gernrode

Quellenangabe:

Fotos 1, 2, 3 - Günter Wilke, 2006

Der Kleine Siebersteinsteich

Der Kleine Siebersteinsteich liegt etwa 3 km westlich des Ortskerns von Ballenstedt und 2,5 km südöstlich von jenem des Ballenstedter Ortsteils Rieder, auf etwa 265 m ü. NN. Auch für diesen künstlichen Stauteich, wie auch für die meisten anderen hier genannten, werden verschiedene Jahreszahlen für seine Errichtung genannt. Wir orientieren uns hier an den Zahlen des Talsperrenbetriebs Sachsen-Anhalt, zu dem der Teich gehört; demnach wurde der Kleine Siebersteinsteich um 1800 errichtet. Jedoch kann diese Jahreszahl nicht stimmen, wie wir im Abschnitt Kunstgraben 3 sowie Großer Siebersteinsteich sehen werden. Wenn der Große Siebersteinsteich 1793 errichtet wurde, so muss dieser Teich wohl davor erbaut worden sein. In dem Staubecken wird der Siebersteinsbach gestaut, dessen Wasser durch den Bicklingsbach zur Bode fließt. Da im Siebersteinstal kein nennenswerter Bergbau betrieben wurde, müssen für die Errichtung des Stauwerks andere Gründe vorhanden gewesen sein, die wir jedoch nicht kennen.

Der Staudamm wurde als Erd-Damm mit Kerndichtung errichtet, er ist 7,6 Meter hoch, etwa 80 Meter lang und 4 Meter breit. Der Stauteich ist 1,8 Hektar groß und hat ein Speichervolumen von 46.000 Kubikmeter Wasser. Heute dient der Teich der Fischerei, dem Hochwasserschutz, der passiven Naherholung und der Niedrigwasseraufhöhung.

Der Große Siebersteinsteich

Auf Grund seiner Größe wird der Große Siebersteinsteich als Talsperre angesehen. Errichtet wurde das Stauwerk zum Stau des Siebersteinsbaches oberhalb des zuvor geschaffenen Kleinen Siebersteinsteiches um 1793. Auch für diesen Stausee ist der Grund für seine Anlage nicht bekannt. Jedoch können wir davon ausgehen, dass am Ende des 18. Jahrhundert erheblich mehr Wasser zur Verfügung stand als heute. Es kann daher angenommen werden, dass der Kleine Siebersteinsteich zur Wasseraufnahme nicht ausreichte. Da der Siebersteinsbach vor Rieder in den Bicklingsbach mündet und dieser das gesamte Dorf durchfließt, ist eine Wasserregulierung bzw. ein Hochwasserschutz für die Anlegung der Siebersteinsteiche durchaus anzunehmen.

Der Große Siebersteinsdamm wurde 2007 - 2009 saniert und gehört, so wie sein kleiner Bruder, zum Talsperrenbetrieb Sachsen-Anhalt. Der Staudamm ist ein 80 Meter langer Erd-Damm mit Kerndichtung, der 15 Meter hoch sowie 4 Meter breit ist und ein Stauvolumen von 180.000 Kubikmeter Wasser hat.

Der Große Siebersteinsteich

1 Ansicht von Süden
2 Die Dammkrone
3 Die Ausflut (Wasserseite)

Quellenangabe:
Fotos 1, 2 Talsperrenmeisterei des Landes Sachsen-Anhalt.
Talsperren in Sachsen-Anhalt, Autorenkollegium 1994
Foto 3 - Günter Wilke, 2006

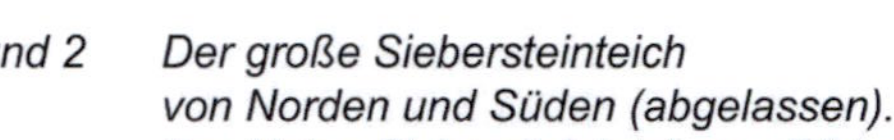

1 | 2

3

1 und 2   Der große Siebersteinteich
           von Norden und Süden (abgelassen).
3   Der kleine Siebersteinteich von Süden.

Quellenangabe:
Foto 1, 2, 3 von Günter Wilke, 2008

Der Erichsburger Teich

Der Erichsburger Teich ist der zweite in der Kette des Gernröder Wasserwirtschaftssystems und speist das Zentrumsgewässer Bremer Teich. Ihm vorgeschaltet ist nur noch der Bergrat Müller Teich. Benannt wurde der Teich nach der Erichsburg, die in unmittelbarer Nähe errichtet wurde, jedoch einige Jahrhunderte früher datiert.

Weder der Erbauer der Burg, noch das Jahr seiner Erbauung sind bekannt. Jedoch ist bereits für das 12./13. Jahrhundert ein eigener Adel für die Burg überliefert. Über die Burg und ihre Herren gibt es einige Sagen und Legenden, unter anderem soll die Erichsburg demnach ein Raubnest gewesen sein. Im 16. Jahrhundert erwarben die Herren von Anhalt-Bernburg die Burg und die umliegenden Forste. Sie begannen dann dort mit dem Bergbau im sogenannten „Erichsburger Gang". Leider ist über diese Bergbauaktivitäten wenig überliefert.

Die Fürst-Carl-Wilhelm-Grube lag östlich der Burgruine im Friedenstal. Der Bergbau war dort wohl ab dem Ende des 17. Jahrhunderts recht aktiv und umfangreich (3 Schächte bis 82 Meter Teufe, 12 Strecken in verschiedenen Abbauebenen) und forderte schon bald dringend mehr Aufschlagswasser (Antriebswasser für Wasserräder). Daher wurde 1708/09 vermutlich der Kleine Erichsburger Teich errichtet, dessen Lage im Gelände kaum noch lokalisiert werden kann. Dieser kleine Teich konnte jedoch den Wasserbedarf wohl nicht realisieren, was dazu führte, dass um 1720 der Große Erichsburger Teich errichtet wurde.

Der im Friedenstal gelegene Staudamm staut den Friedenstalbach auf einer Breite von etwa 80 Meter. Dieser kleine Gebirgsbach entspringt an den Birkenköpfen unterhalb der Viktorshöhe und mündet bei Alexisbad in die Selke ein.

1 2 | 3

1 Der Ehrigsburger Teich von Nord-West
2 Der Ehrigsburger Teich von Süd-West
3 Der Bergrat-Müller Teich von Süd-West

Quellenangabe:

Fotos 1, 2, 3 - Günter Wilke, 2006

Der Bergrat Müller Teich

Dieser Teich ist sowohl die erste Staustufe im Gernröder Wasserwirtschaftssystem wie auch für den Friedenstalbach. Der Erichsburger Teich hatte vermutlich kein ausreichendes Volumen, um den Erichsburger Bergbau mit Wasser zu versorgen.

Der Bergrat Müller Teich liegt etwa 2 km nordwestlich von Friedrichsbrunn, auf dem Südhang des Rambergmassivs, im Naturpark Harz. Der Teich staut den Friedenstalbach erstmals nach etwa 400 Bachmetern. Bergrat Müller baute daher im Auftrag der Fürsten von Anhalt-Bernburg von 1737 bis 1738 einen Stauteich, der nach ihm Bergrat Müller Teich genannt wird. Im Teich wurde Wasser gestaut, das Wasserräder für Pumpen antrieb, die in der Grube Fürst Karl Wilhelm die Stollen entwässerten. In der Grube wurden zwischen 1708 und 1741 neben Pyrit und Flussspat jährlich rund 12.000 Tonnen Kupferkies abgebaut, woraus etwa 25 t Kupfer gewonnen wurden.

Der Erdschüttdamm des Bergrat Müller Teichs ist etwa 100 Meter lang, 6 Meter hoch und an der Dammkrone 4 Meter breit. Der Stauteich ist ungefähr 150 Meter lang und bis zu 75 Meter breit, hat ein Fassungsvermögen von 30.000 Kubikmetern sowie eine Fläche von 1,3 Hektar.

Eine Staustufe des Ehrigsburger Bergwerks

Der natürliche Abfluss des Ehrigsburger Teiches hätte nur den Betrieb eines unterschlächtigen Wasserrades für das Bergwerk ermöglicht. Da jedoch die Leistung eines solchen Antriebs maßgeblich aus der Durchflussmenge und der Gefällehöhe bestimmt wird, muss ein Wasserrad künstlich erhöht werden, um als ober- oder mittelschlächtiges Rad betrieben werden zu können. Daher wurde ein Damm errichtet, über welchem heute vom Friedenstal die Straße zum Russischen Haus abzweigt. Selbst die Radstube ist noch erkennbar, lässt jedoch keinen Schluss auf den Raddurchmesser mehr zu. Die Dammhöhe beträgt heute etwa 3 Meter, woraus sich jedoch nicht die Dammhöhe von vor etwa 250 Jahren ableiten lässt.

Weitere ehemalige Teiche und Stauwerke in der Umgebung des Friedenstals

Im Friedenstal sind noch vier Dämme erkennbar, sie liegen alle in der Nähe von nachweislichen Bergbauaktivitäten. Welchen Zweck diese Dämme hatten und welche Zusammenhänge zum behandelten Wasserwirtschafssystem bestanden, muss – bis auf den ersten – offenbleiben.

Der erste Teichdamm unterhalb des Ehrigsburger Bergwerks liegt etwa 900 m südöstlich von diesem. Dort ist auch noch eine Radstube zu erkennen. Auch wird vermutlich lediglich eine Erhöhung des Wasserspiegels der Zweck der Anlage gewesen sein, da seine Speicherkapazität nur als klein vermutet werden kann. Es kann angenommen werden, dass dort der Antrieb für das etwas bachaufwärts gelegene Pochwerk installiert war, jedoch ist auch eine schlichte Wasserhaltung nicht auszuschließen. In unmittelbarer Nähe befindet sich das heute fast verschlossene Mundloch des sogenannten Gewerkestollens. Dieser wurde im Gegenortbetrieb über vier Lichtlöcher erschlossen. Der Gegenortbetrieb bezeichnet ein Verfahren des Tunnel- und Bergbaus. Mit diesem Verfahren wird der Richtstollen von beiden Enden des zu erstellenden Tunnels aufgefahren, mit dem Ziel, sich auf der Hälfte des Weges im Gestein zu treffen. Der Stollen musste jedoch entwässert werden, da das Stollenniveau unter der Sohle des Friedensbachtals lag. Ebenso ist etwa 350 m westlich davon ein Stollen in den Südhang des Mühlberges getrieben worden, der auch heute noch gut zugänglich ist. Nach etwa 60 m ist ein Gesenk von etwa 25 m senkrecht abgeteuft. Von dort zweigen zwei Strecken ab, welche blind enden. Diese Strecken und das Gesenk sind bis zur Stollensohle mit Wasser gefüllt. Es ist daher nicht auszuschließen, dass in diesem Stollen eine mechanische Wasserhaltung erforderlich war.

Ein weiterer Damm befindet etwa 450 m weiter bachabwärts. Ob er als Wasserspeicher diente oder nur eine Bach-Weg-Kreuzung darstellte, muss offenbleiben.

Weitere 900 m bachabwärts ist ein weiterer Damm erkennbar, dieser diente zweifellos der Wasserhaltung. Ob er mit der in unmittelbarer Nähe liegenden „Amaliengrube" in Zusammenhang stand ist ungeklärt, kann jedoch vermutet werden.

Auf einer Wiese am Abzweig des Verbindungsweges vom Friedenstal zum sogenannten Hirschgatterweg liegt ein weiterer Teichdamm. Dort ist in unmittelbarer Nähe ein Stollen in den Klosterkopf getrieben worden. Auch der Zweck dieser Anlage muss offenbleiben.

Bleibt noch der Krebsbachteich im Krebsbachtal. Dort sind keine bergbaulichen Maßnahmen in unmittelbarer Nähe erkennbar. Er könnte daher also durchaus Zuschusswasser für den Betrieb des Hüttenwerkes in Mägdesprung gespeichert haben und so einen Teil des durch den Bremer Teich abgesperrten natürlichen Zuflusses ersetzt haben, was jedoch eine Vermutung bleibt.

Die Kunstgräben des Wasserwirtschaftssystems

Um die angelegten Stauteiche effektiver nutzen zu können, war es notwendig ein Verbundsystem zu errichten. Dazu mussten Verbindungen untereinander geschaffen werden, wozu man sogenannte Kunstgräben anlegte. Als Kunstgraben werden offene oder abgedeckte Wassergräben bezeichnet, über die Bergwerke mit Wasser zum Antrieb von Wasserrädern versorgt wurden.

Beim Anlegen dieser Kunstgräben bestand das Ziel, am Standort der Wasserkraftmaschine einen möglichst großen Höhenunterschied zum tieferen Ablauf zu erhalten: Diese Differenz heißt Aufschlaghöhe. Dazu wurden die Kunstgräben mit einem möglichst geringen Gefälle angelegt, so dass sie im Gelände scheinbar Höhenlinien darstellen. Sie folgen dadurch den Windungen der Täler. Zur Überwindung natürlicher Hindernisse wurden die Kunstgräben häufig durch Röschen geführt, seltener auch über Aquädukte.

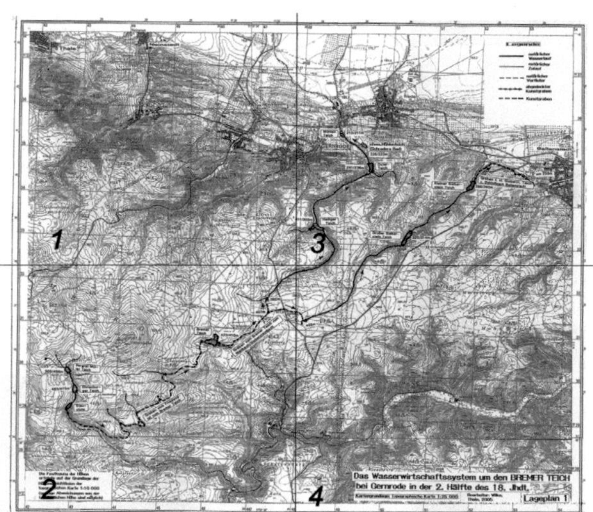

Lageplan 1 - Das Wasserwirtschaftssystem um den Bremer Teich bei Gernrode in der 2. Hälfte des 18. Jahrhunderts.
Kartengrundlage: Topografische Karte 1:25.000,
Bearbeiter: Günter Wilke, Thale, 2005;
Die Karte ist in 4 Segmente geteilt: 1 - Seite 30, 2 - Seite 31,
3 - Seite 32 und 4 - Seite 33.

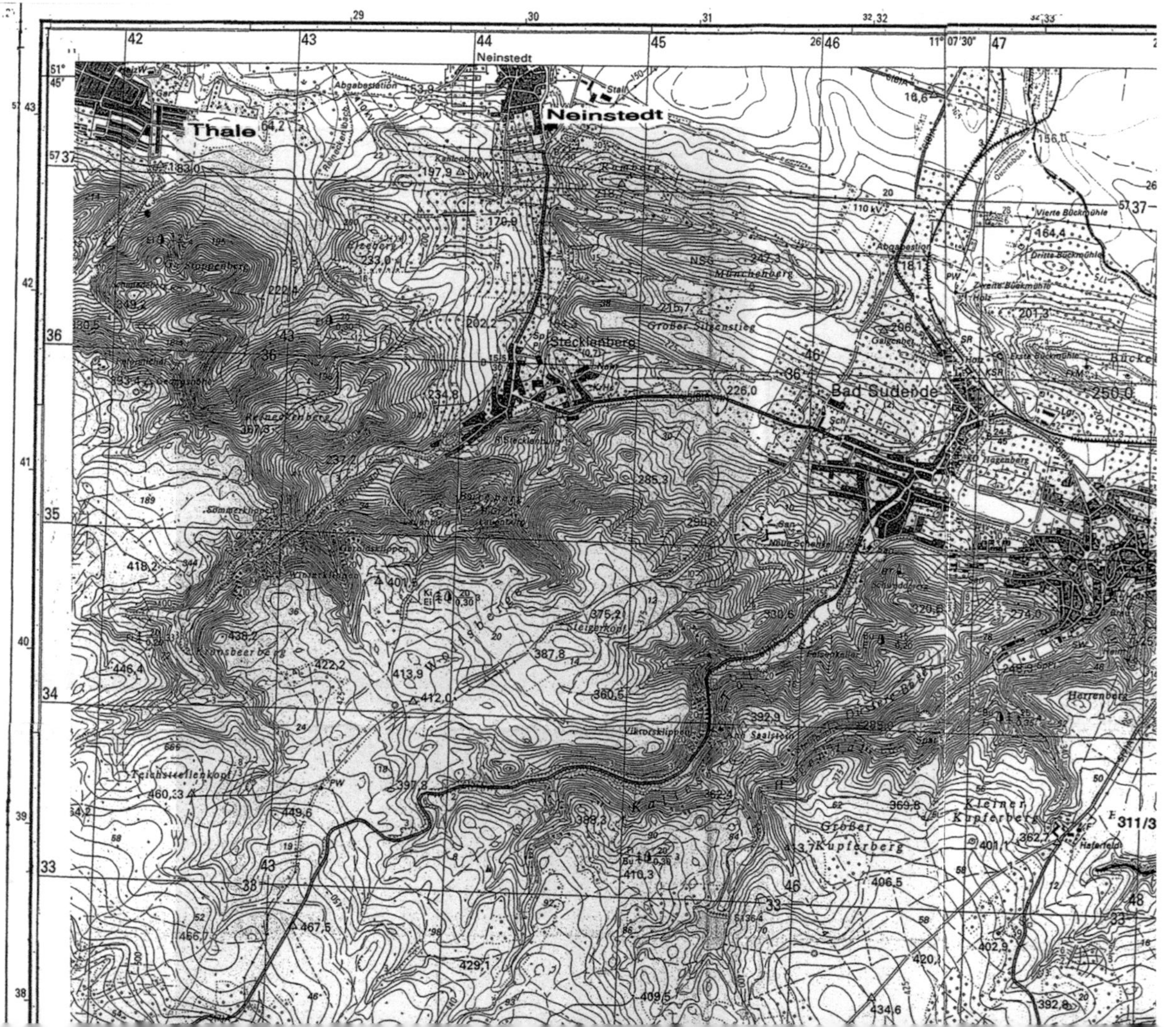

Bremer Teich
423/410m
Graben vom Bremer Teich zum Wellbach/Siebersteinbach
Bergrat Müller Teich
500/496m
Ehrigsburger Teich
485/475m
Staustufe
Graben vom Friedenstal zum Bremer Teich
Die Festlegung der Höhen erfolgte auf der Grundlage der Höhenschichtlinien der topgrafischen Karte 1:10 000 (geringe Abweichungen von der tatsächlichen Höhe sind möglich)
392m
407m
411,0
414,3
Fuchsberg
MAGDESPRUNG
Viktorshöhe
581,5
Langenberg
Ochsenköpfe

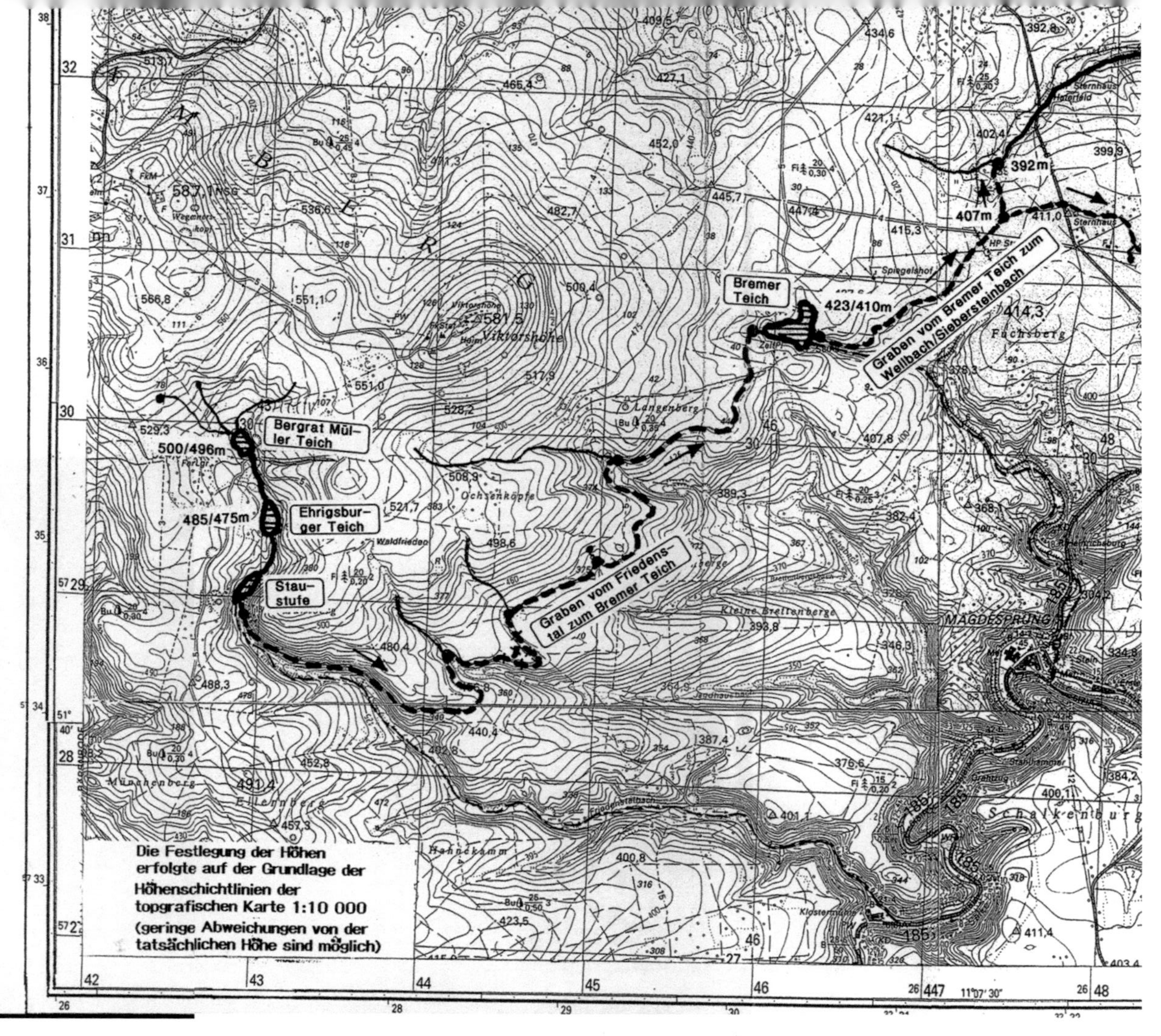

31

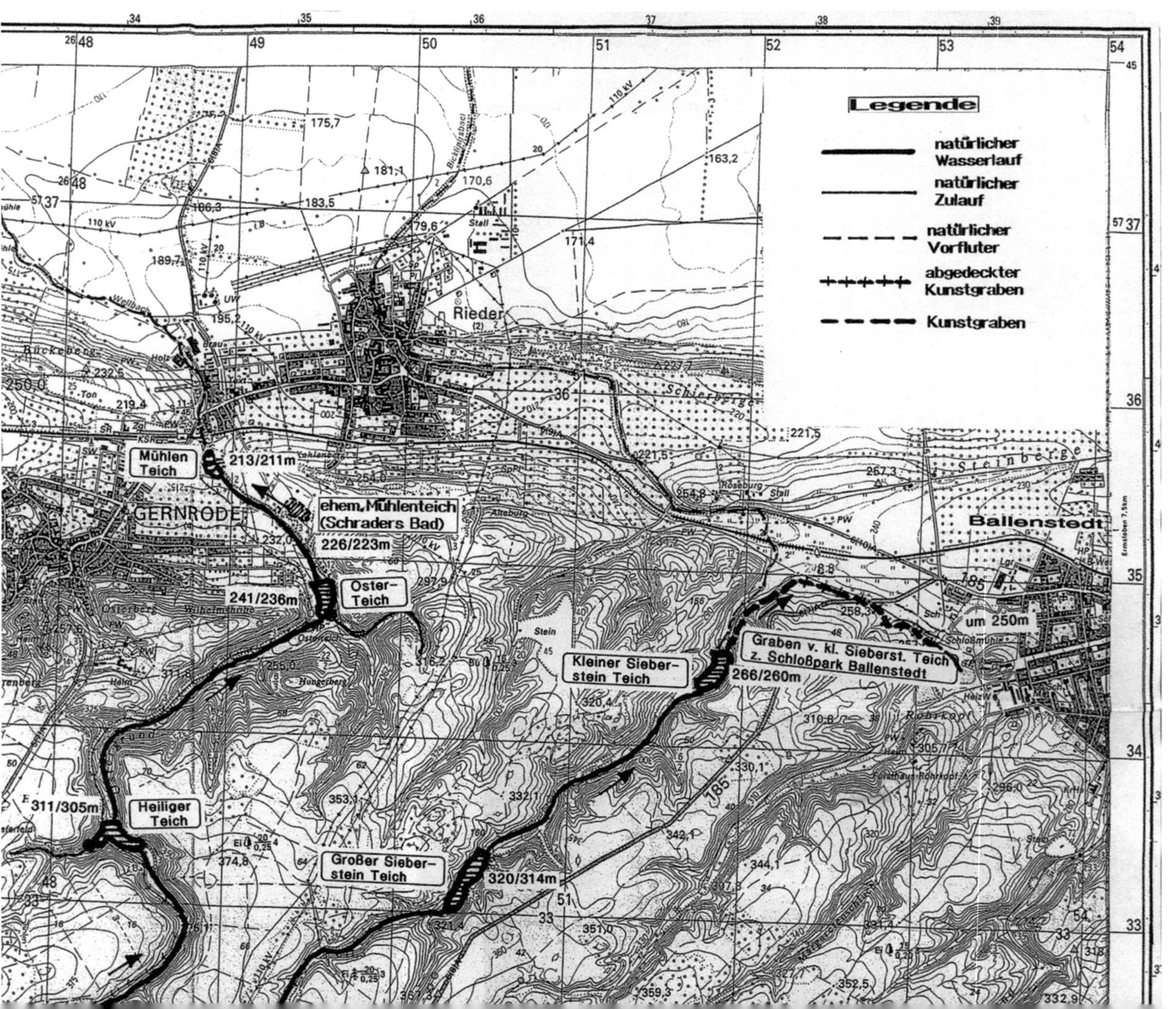

Legende
natürlicher Wasserlauf
natürlicher Zulauf
natürlicher Vorfluter
abgedeckter Kunstgraben
Kunstgraben
Rieder
GERNRODE
Ballenstedt
Mühlen Teich
213/211m
ehem. Mühlenteich (Schraders Bad)
226/223m
241/236m
Oster-Teich
Heiliger Teich
311/305m
Großer Sieber-stein Teich
320/314m
Kleiner Sieber-stein Teich
266/260m
Graben v. kl. Sieberst. Teich z. Schloßpark Ballenstedt
um 250m

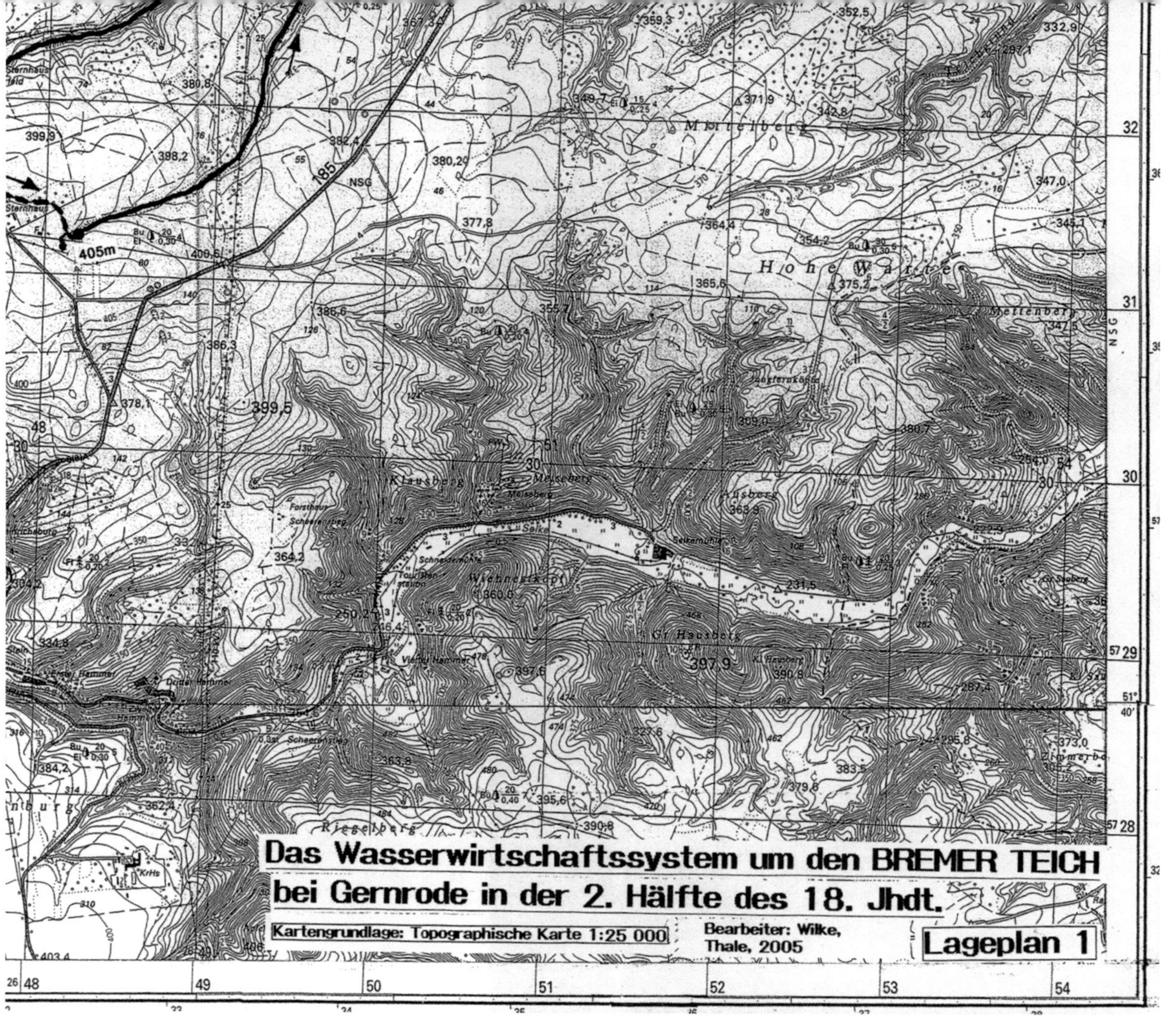

Das Wasserwirtschaftssystem um den BREMER TEICH
bei Gernrode in der 2. Hälfte des 18. Jhdt.
Kartengrundlage: Topographische Karte 1:25 000
Bearbeiter: Wilke, Thale, 2005
Lageplan 1

Kunstgraben 1: Vom Bremer Teich zum Wellbach und zum Siebersteinsbach (Lagepläne 1 und 2)

Dieser Graben führt vom Fuße des Bremer Teiches – etwa 410 m ü. NN – in das anstehende Gestein, eingetieft etwa 300 Meter in Richtung Osten. Er schwenkt dann nach Nord-Osten ab, wo das Gelände weniger schwierig ist. Da dieser Graben nur sehr wenig Gefälle hat, verfolgt er praktisch eine fiktive Höhenlinie, was bedeutet, dass er jeden Geländeeinschnitt oder jede Ausbuchtung mitverfolgen muss. Er kreuzt dann den Weg, welcher von Westen kommend am Spiegelhaus vorbeiführt. In der Nähe des Haltepunktes „Sternhaus Ramberg" schneidet er die Strecke der Schmalspurbahn und die Lange Allee. Nach weiteren etwa 200 m biegt der Graben nach Osten ab. An dieser Stelle befand sich ein Freischlag, über den Wasser in das Wellbachtal abgeleitet werden konnte. Als Freischlag bezeichnet man im Bergbau eine Abflussmöglichkeit innerhalb eines Grabens oder Kanals, der je nach Bedarf geöffnet oder geschlossen werden kann. Der Graben selbst kreuzt dann die Landesstraße L 243 etwa 250 m nördlich vom Sternhaus. Er verläuft danach noch etwa 300 Meter in östliche Richtung, um anschließend nach Südosten abzubiegen. Von hier an führt der Graben ständig Wasser, das aus einer Quelle stammt. Nach einem kurzen Knick – wieder nach Osten – schüttet er sein Wasser in das Tal des Siebersteinsbachs. Über die beiden Siebersteinsteiche gelangt das Wasser in Richtung Ballenstedt oder in den natürlichen Vorfluter. Die Gesamtlänge des Grabens beträgt 2.430 Meter, der Freischlag Richtung Wellbach liegt etwa 1.420 m vom Bremer Teich entfernt. Von dort aus sind es noch etwa 150 - 200 Meter bis zum Wellbachtal.

Lageplan 2 - Seite 36 - 37
Graben vom Bremer Teich zum Siebersteinsbach und Wellbach
Bearbeiter: Günter Wilke, Thale, 2005.

**_Graben vom Bremer Teich zum
Wellbach - Siebersteinsbach_**

1 Nähe Bahnstation Sternhaus-Ramberg
   (im Hintergrund oben rechts das
   Gleisbett der Selketalbahn)
2 Nordwestlich von Sternhaus
3 Westlich von Sternhaus

Quellenangabe:

Fotos 1, 2, 3 - Günter Wilke, 2006

Graben vom BREMER TEICH zum SIE...

Zweck: Zusatzwasser fuer die Siebersteinteiche (Ballenstedt)
Aufschlagwasser fuer den Bergbau Gernrode
Grabenlaenge: ca. 2400 m. (ohne Abzweig Rchtg. Wellbach)
Hoehen: Einlauf: 410m Grabenende: 405m

aufgenommen und gezeichnet:
2005, Wilke, Thale

Kartengrundlage: Topographische Karte Maßstab 1:10 000

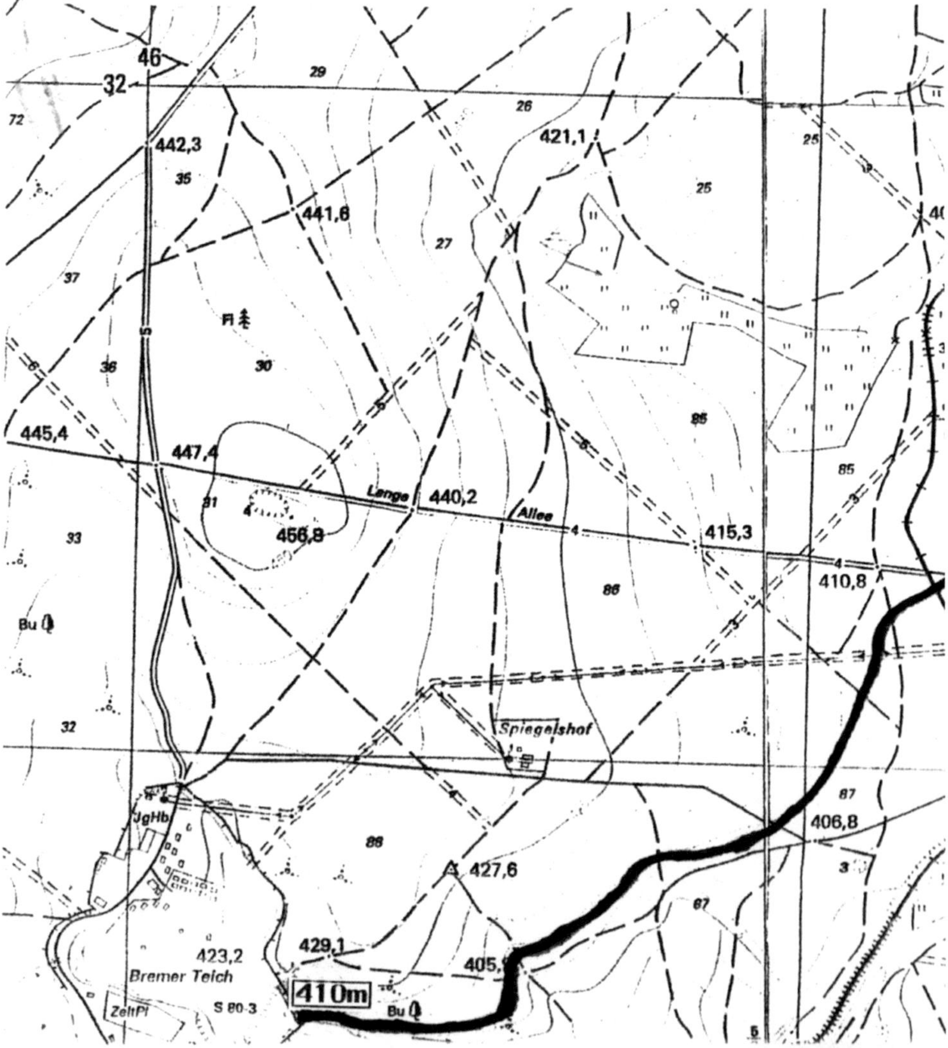

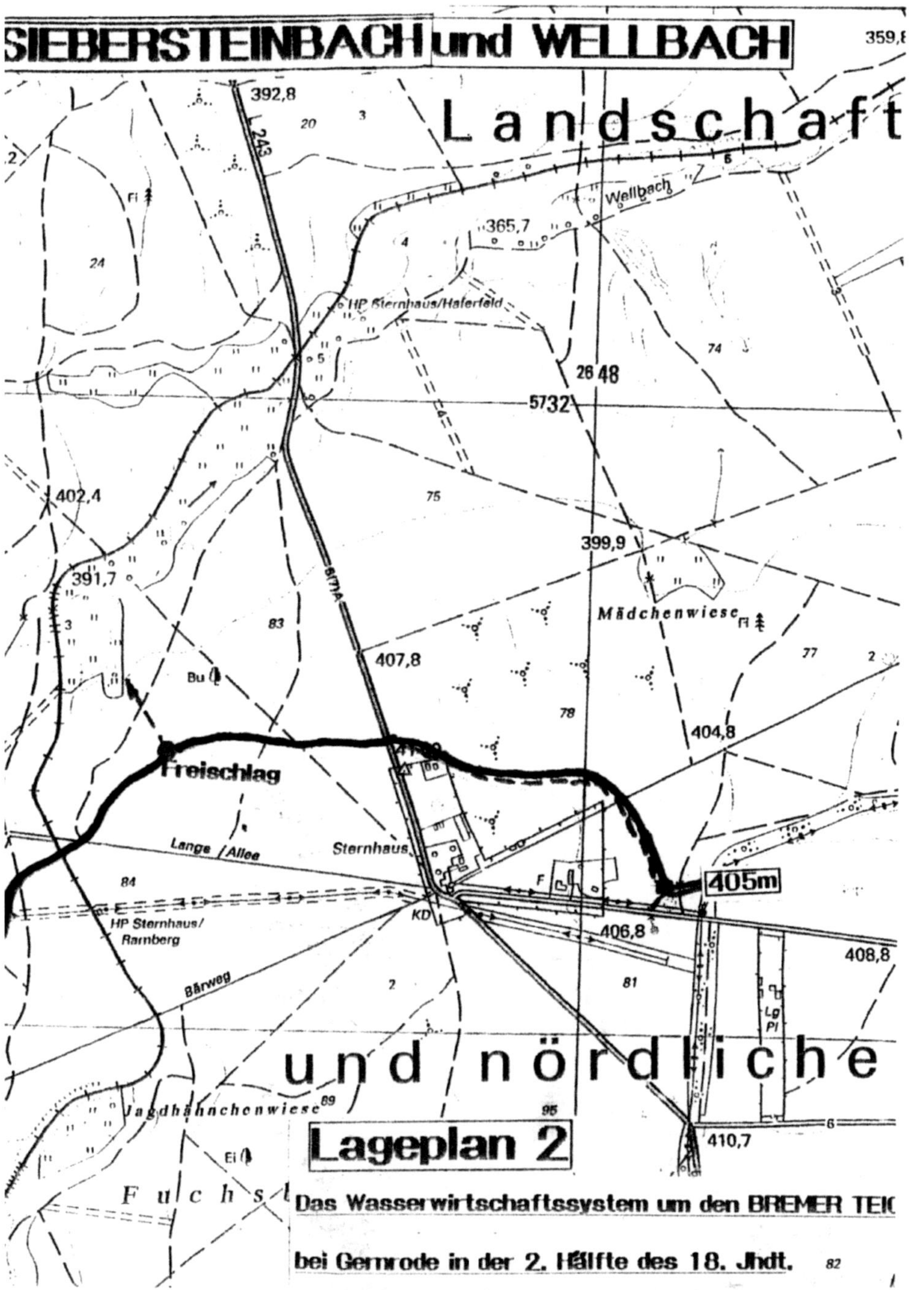

SIEBERSTEINBACH und WELLBACH
359,8
Landschaft
392,8
243
20
3
Fi
2
24
Wellbach
365,7
4
HP Sternhaus/Haferfeld
5
74
26 48
5732
402,4
75
399,9
391,7
Mädchenwiese
3
83
77
2
407,8
78
404,8
Bu
Freischlag
Lange / Allee
Sternhaus
405m
84
F
HP Sternhaus/
Ramberg
KD
406,8
408,8
Bärweg
2
81
Lg
Pl
und nördliche
Jagdhähnchenwiese
89
95
6
Ei
Lageplan 2
410,7
Fuchs
Das Wasserwirtschaftssystem um den BREMER TEICH
bei Gernrode in der 2. Hälfte des 18. Jhdt.
82

1 | 2
3

Graben vomn Bremer Teich zum
Wellbach - Siebersteinsbach

1 Nordöstlich von Sternhaus
2 Einmündung der Quelle nordöstlich
 von Sternhaus
3 Die verschlammte Einmündung in den
 Siebersteinsbach

Quellenangabe:

Fotos 1, 2, 3 - Günter Wilke, 2006

Kunstgraben 2: Vom Friedenstal bis zum Bremer Teich

Dieser Kunstgraben beginnt unterhalb des ehemaligen Bergbaugebietes Ehrigsburg in einer Höhe von etwa 460 m ü. NN. Er führt zunächst – jetzt zum Waldweg eingeebnet – in Richtung Osten, schwenkt dann als sichtbarer Graben um den Mühlberg nach Norden, bis zum Jagdhausbach, dessen Wasser er aufgenommen hat.

Nach Kreuzung dieses Baches schwenkt der Graben wieder nach Osten, wird durch einen Felsen (Rösche) geführt, um nach etwa 500 Meter nach Norden einzuschwenken, bis zu einem von Nordwesten kommenden namenlosen Bach, dessen Wasser er ebenfalls aufgenommen hat. Dieses schwer zugängliche Grabenteil ist besonders interessant, da er zum Teil mit großen Steinplatten abgedeckt ist. Außerdem ist dort später eine Abkürzung geschaffen worden. Diese hat einen ordentlich aufgebauten Einlauf und wird unter dem Waldweg nach Norden geführt, zum Teil als Rösche oder mit Abdeckung. Hierdurch wird der Graben um etwa 250 m abgekürzt.

Warum diese aufwendige Abkürzung angelegt wurde, kann nur vermutet werden. Es könnte dieser Bogen besonders frostgefährdet gewesen sein. Weiter führt der Graben dann in Richtung Nordosten, bis zum Brettenbergbach. Auch dieses Wasser wurde aufgenommen. Von dort führt der Graben weiter nach Norden, wo er das Wasser des Krebsbaches aufnimmt, dessen Bachbett er kreuzt.

Der Graben verläuft nun weiter in Richtung Nordosten, bis zum Feuchtgebiet des Bremer Teiches. Hier endet der Graben in einer Höhe von 425 m üNN, seine Gesamtlänge beträgt 6.100 Meter.

Lageplan 3 auf Seite 40 - 41: Graben vom Friedenstal zum Bremer Teich, Bearbeiter: Günter Wilke, 2005

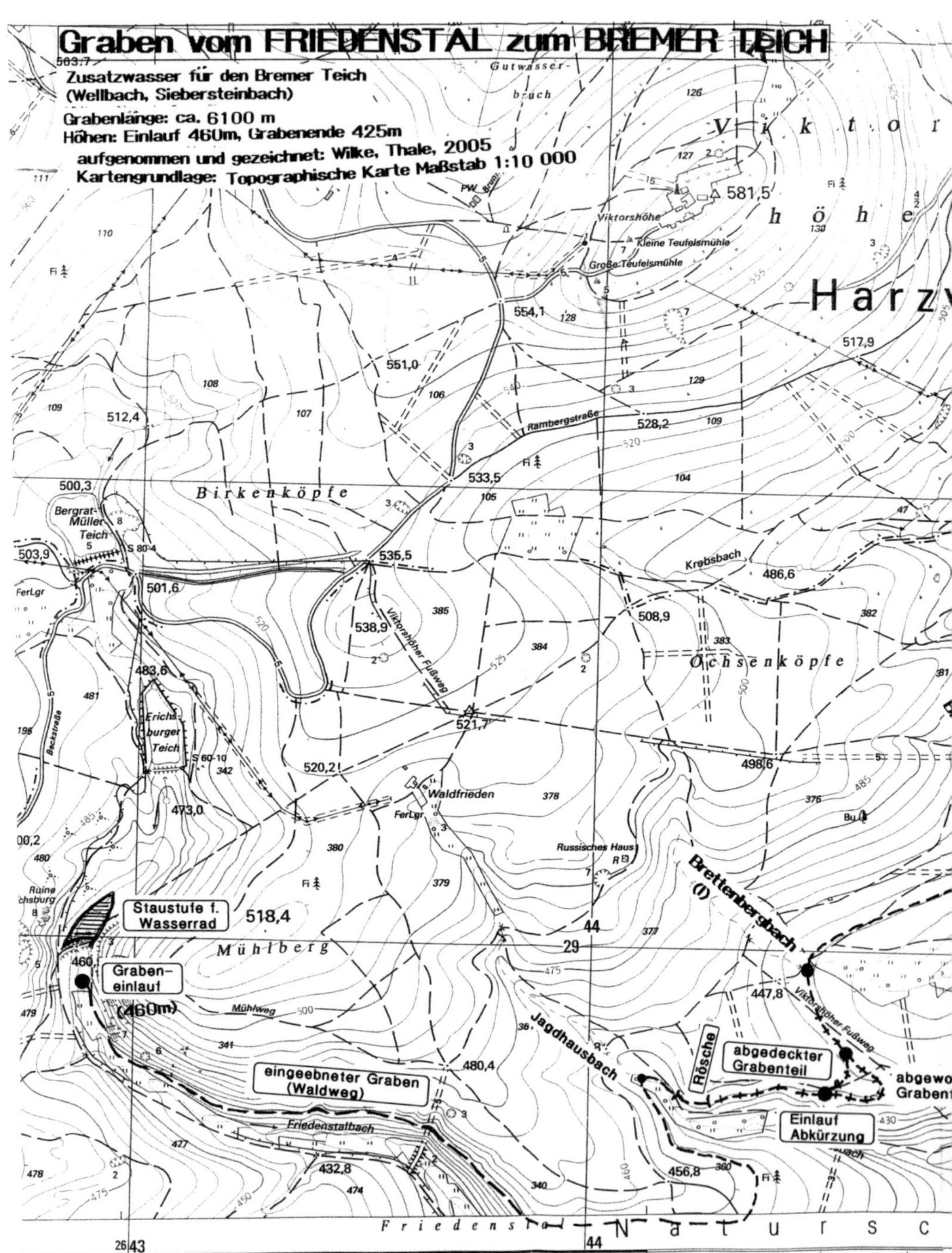

Graben vom FRIEDENSTAL zum BREMER TEICH
Zusatzwasser für den Bremer Teich
(Wellbach, Siebersteinbach)
Grabenlänge: ca. 6100 m
Höhen: Einlauf 460m, Grabenende 425m
aufgenommen und gezeichnet: Wilke, Thale, 2005
Kartengrundlage: Topographische Karte Maßstab 1:10 000
Gutwasser-bruch
Viktor
höhe
Viktorshöhe
581,5
Kleine Teufelsmühle
Große Teufelsmühle
Harz
554,1
551,0
517,9
Rambergstraße
528,2
533,5
Birkenköpfe
535,5
Bergrat-Müller Teich
503,9
501,6
FerLgr
Krebsbach
486,6
508,9
Ochsenköpfe
538,9
Viktorshöher Fußweg
483,6
Erichs-burger Teich
521,7
498,6
520,2
Waldfrieden
FerLgr
Russisches Haus
473,0
Brettenbergbach
Ruine chsburg
Staustufe f. Wasserrad
518,4
Mühlberg
447,8
Viktorshöher Fußweg
460
Graben-einlauf
(460m)
Mühlweg
Jagdhausbach
Rösche
abgedeckter Grabenteil
abgewo Graben
480,4
eingeebneter Graben
(Waldweg)
Einlauf
Abkürzung
Friedenstalbach
432,8
456,8
Friedensta
Natursc

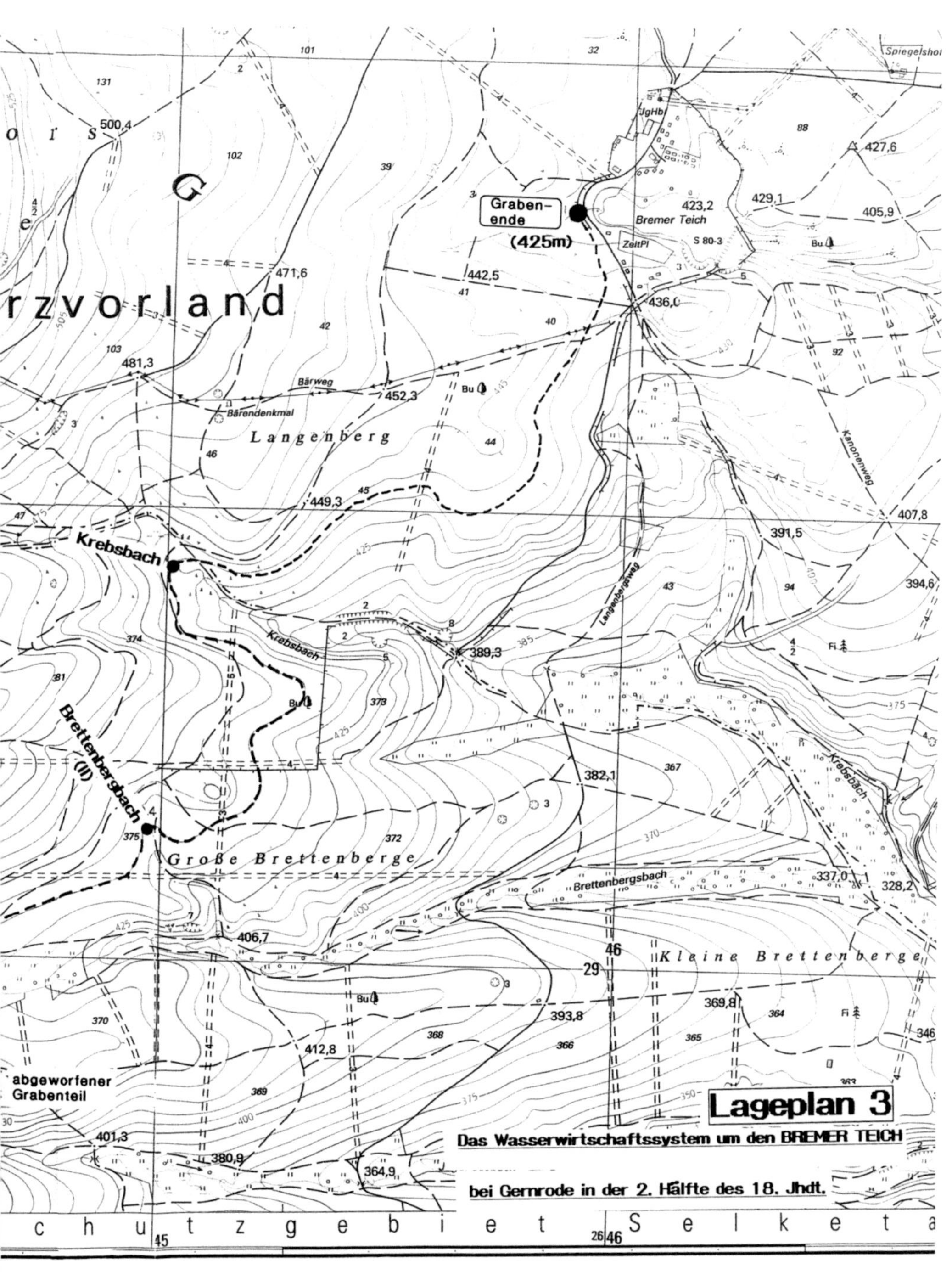
or s
G
e
rzvorland
131
101
32
Spiegelshof
2
102
500,4
JgHb
88
427,6
42
39
Graben-
ende
(425m)
423,2
Bremer Teich
429,1
405,9
3
S 80-3
ZeltPl
Bu
471,6
442,5
41
436,0
Kanonenweg
42
40
92
103
481,3
Bärweg
452,3
Bu
44
Bärendenkmal
3
Langenberg
46
45
449,3
Langenbergsweg
407,8
47
391,5
Krebsbach
43
94
394,6
374
Krebsbach
8
381
2
389,3
385
Fi
5
375
Bu
373
425
Krebsbach
Brettenbergbach (II)
382,1
367
375
3
370
372
Große Brettenberge
Brettenbergsbach
337,0
328,2
425
46
Kleine Brettenberge
7
29
406,7
400
Bu
393,8
369,8
364
Fi
346
370
368
366
365
412,8
369
400
abgeworfener
Grabenteil
375
30
401,3
350
380,9
364,9
chutzgebiet Selketa
45
26 46

Lageplan 3
Das Wasserwirtschaftssystem um den BREMER TEICH
bei Gernrode in der 2. Hälfte des 18. Jhdt.

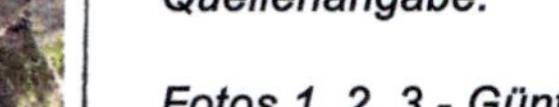

Graben vom Friedenstal zum Bremer Teich

1 Der ehemalige Einlauf im Friedenstal unterhalb des alten Bergwerks „Ehrigsburg"
2 Grabenfragment am östlischen Mühlenberg
3 Die ehemalige Rösche östlich der Einmündung des Jagdhausbaches in den Graben

Quellenangabe:

Fotos 1, 2, 3 - Günter Wilke, 2006

1 | 2

3

<u>**Graben vom Friedenstal zum Bremer Teich**</u>

1 Fragment der Grabenabdeckung an der Kreuzung des Victorhöher Fußweges
2 Einlauf auf der Grabenabkürzung
3 Die Grabenbrust am Brettenberg

Quellenangabe:

Fotos 1, 2, 3 von Günter Wilke, 2006

Graben vom Friedenstal zum Bremer Teich

1 Der Graben am Brettenberg
2 Der Graben zwischen Krebsbach und
   Bremer Teich
3 Das Grabenende im Quellgebiet des
   Bremer Teichs

Quellenangabe:

Fotos 1, 2, 3 - Günter Wilke, 2006

Kunstgraben 3: Vom Kleinen Siebersteinsteich zum Ballenstedter Schlossteich

Ein weiterer in seiner gesamten Länge noch erkennbarer Graben führte Wasser vom Kleinen Siebersteinsteich in den Schlosspark nach Ballenstedt (Lageplan 4). Dort mündete er über einen künstlich angelegten Wasserfall auf der Westseite des Schlossteiches. In einer Ballenstedter Chronik steht dazu: „Bereits 1785 war ein heute nicht mehr funktionstüchtiger Wasserfall unterhalb des Schwedensteins vorhanden. Das benötigte Wasser kam aus dem zur Schlossmühle führenden Kanal."

Durch dieses überlieferte Zitat ist bewiesen, dass das Wasser des Siebersteinstals in erster Linie für technische Antriebe gedacht war. Zudem stellte das abgezweigte Wasser für den Wasserfall des Schlossteiches eine Attraktion für den Fürstlichen Park dar. Ein zeitgenössisches Gemälde zeigt den Wasserfall um 1785.

Unter einer dünnen Erdschicht ist dieser Graben in Folge seiner Abdeckung zum Teil noch heute gut erhalten. Seine Seitenwände bestehen aus einer abgedichteten Steinpackung. Abgedeckt ist der Graben mit 0,25 qm großen und 4 - 8 cm dicken Steinplatten. Sein lichter Querschnitt beträgt etwa 40 x 40 cm. Ein von der Höhe der Alexanderstraße kommender Bach wurde mit einen Damm überbrückt, wodurch ein kleiner Tümpel entstand. Ob das Bachwasser von dem Kunstgraben mit aufgenommen wurde, kann nicht mehr sicher festgestellt werden.

Sehen wir uns die Jahreszahlen an, in denen angeblich der Kleine Siebersteinsteich errichtet worden sein soll – 1788 und um 1800 – so müssen wir feststellen, dass beide Jahreszahlen falsch sein müssen, wenn bereits 1785 der Wasserfall in Gemäldeform dokumentiert ist. Der Bau des Teiches ist demnach vor 1885 anzusetzen, was auch für den Kunstgraben zutrifft.

Die Länge dieses Kunstgrabens beträgt 1.600 m bei einem Höhenunterschied von nur etwa 10 m. Mit der Einmündung des Kunstgrabens in den Schlossteich kam zudem eine Verbindung mit dem Teichsystem um das Ballenstedter Schloss zustande, was jedoch hier nicht weiter ausgeführt werden soll.

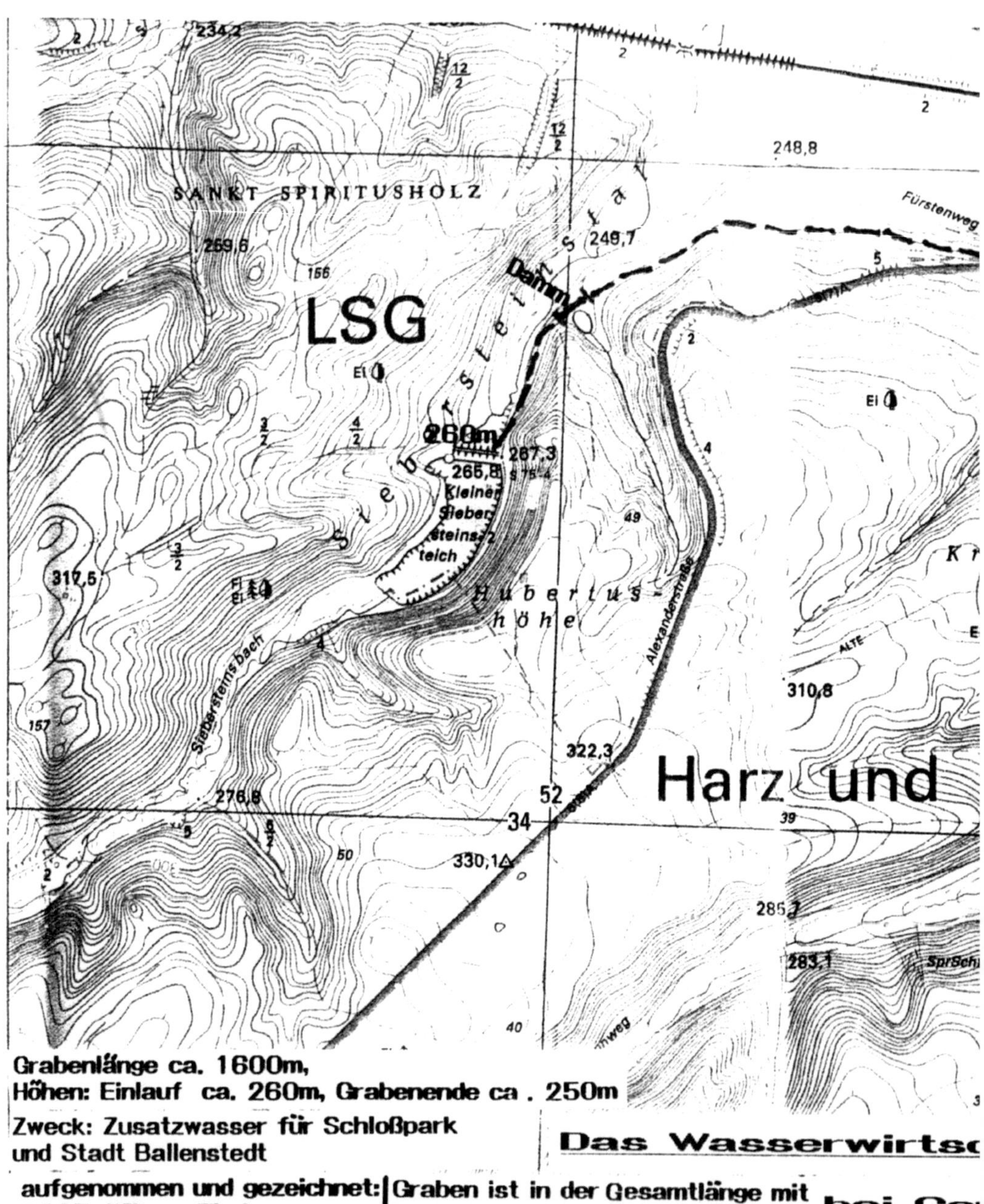

Grabenlänge ca. 1600m,
Höhen: Einlauf ca. 260m, Grabenende ca. 250m
Zweck: Zusatzwasser für Schloßpark
und Stadt Ballenstedt

aufgenommen und gezeichnet:
2005, Wilke Thale

Graben ist in der Gesamtlänge mit
Steinplatten abgedeckt

Das Wasserwirtsc

bei Ge

Graben vom
zum Schloßp

Kartengrundlage: Topographische Karte 1:10 000

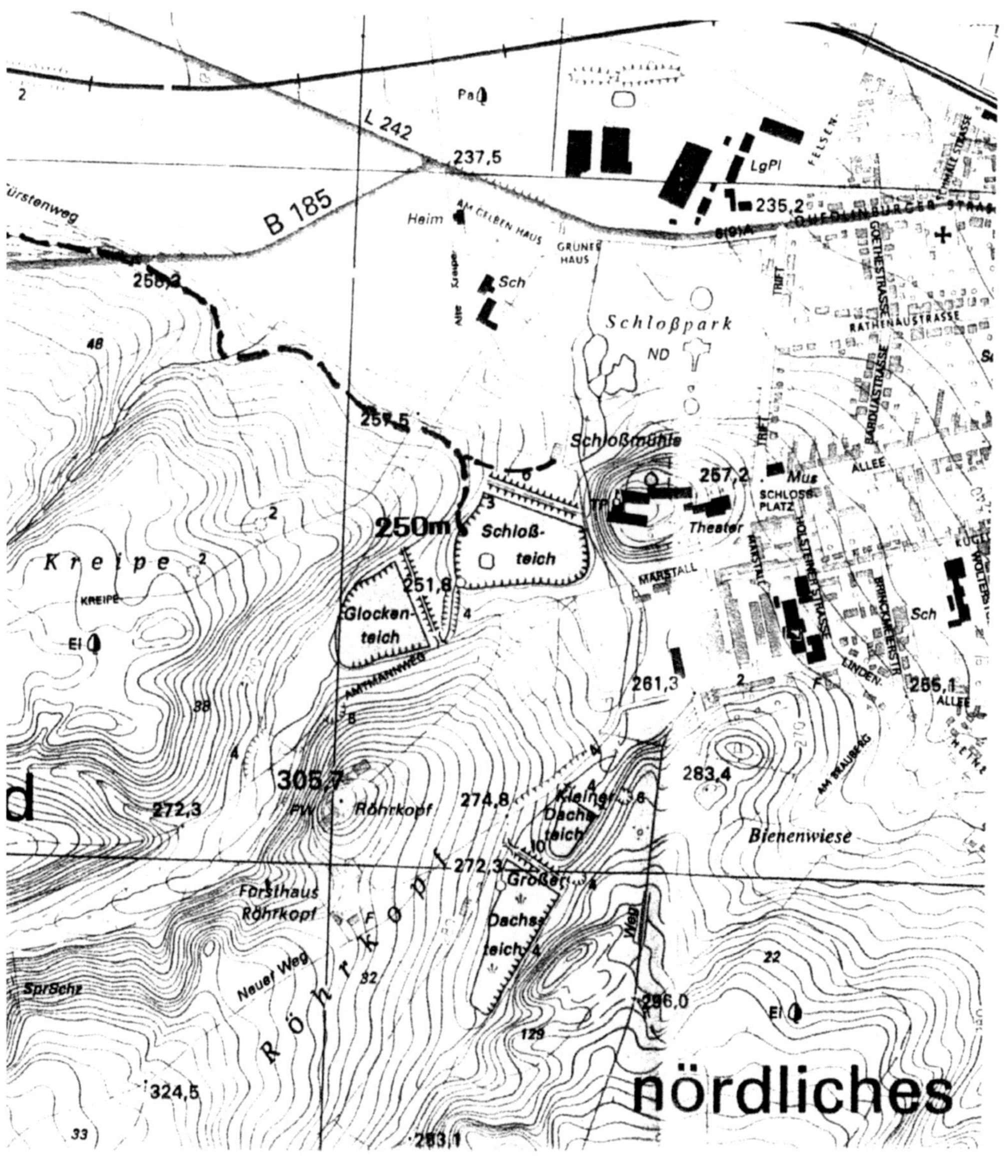

tschaftssystem um den BREMER TEICH

Gernrode in der 2. Hälfte des 18. Jhdt.

om kleinen Siebersteinteich
oßpark Ballenstedt

Lageplan 4

<table>
<tr><td>1</td><td>2</td></tr>
<tr><td>3</td><td></td></tr>
</table>

<u>Abgedeckter Graben zwischen dem Kleinen Siebersteinteich und dem Schlossteich Ballenstedt, (gen. Kanal).</u>

1 Grabenanfang (rechts) unterhalb des Kleinen Siebersteinteiches
2 Der abgeckte Grabenverlauf westlich der Kreuzung der B 185
3 Der Graben östlich der Kreuzung der B 185

Quellenangabe:
Fotos 1, 2, 3 von Günter Wilke, 2006

Abgedeckter Graben zwischen dem Kleinen Siebersteinteich und dem Schlossteich Ballenstedt, (gen. Kanal).

1 Graben zwischen der B 185 und
   dem Schlossteich
2 wie 1
3 Die Grabenmündung in den Schlossteich
   (künstlich errichteter Felsen)

Quellenangabe:
Fotos 1, 2, 3 von Günter Wilke, 2006

Wasserfall am Schlossteich Ballenstedt (um 1785)
Quelle: Originalgemälde im Museum Ballenstedt,
Foto: Günter Wilke

Das Gernröder Wasserwirtschaftssystem: Energielieferant für den regionalen Bergbau

Zunächst an alle Kritiker: Einige der folgenden Zahlen sind nicht historiografisch exakt zu belegen. Es fehlen entsprechende Dokumente, zum Teil sind die vorhandenen auch widersprüchlich. Jedoch steht eine unkorrekte Zeitangabe dem geschilderten Sachverhalt nicht hinderlich gegenüber.

Im Gernröder Bergbaurevier, das vom Friedrichsbrunner Forst bis zum Gernröder Osterberg reichte, gab es mehrere Bergbauperioden. Die älteren davon, im Mittelalter sowie der frühen Neuzeit, sind für das Gernröder Wasserwirtschaftssystem ohne Bedeutung.

Die erneuten bergbaulichen Aktivitäten des 17. bis 19. Jahrhunderts hingegen stehen wohl in direktem Zusammenhang mit der Anlage der hier beschriebenen Teiche und Kunstgräben. Die neuen Bergbautechnologien erforderten Wasserkraftanlagen, um die Mineralien in einem wirtschaftlich angemessenen Rahmen fördern und verarbeiten zu können. Von den dazu errichteten Anlagen sind die Siebersteinsteiche zunächst auszuklammern.

Nach den furchtbaren Auswirkungen des 30-jährigen Krieges, die den Bergbau im Harz fast vollständig zum Erliegen brachten, begann ein langsamer neuer Aufschwung, der zunächst im letzten Viertel des 17. Jahrhunderts im Revier des Osterteiches einsetzte, aber wohl nur von kurzer Dauer war (1690 - 1700). Jedoch schon zu dieser Zeit wurde mit den Planungen bergbaulicher Aktivitäten im Friedenstal begonnen. Beider Reviere waren Bergbauregal der Anhaltischen Fürsten. Sowohl für den Bergbau im Osterberger- wie auch im Ehrigsburger Revier reichte die Antriebskraft des vorhandenen Wassers nicht aus. So wurde wohl zunächst der Heilige Teich errichtet (bzw. ausgebaut). Nach 1700 wurde dann das Ehrigsburger Revier erschlossen, die „Fürst-Wilhelm Grube" (um 1708) und die „Grube Fürstin-Auguste-Elisabeth" (um 1710) – unmittelbar an Fuße östlich der Ehrigsburg gelegen – wurden aufgewältigt. Neben dem Bergbau wurde ein Pochwerk betrieben, und auch die Verhüttung der gewonnenen Erze wird an einigen Stellen erwähnt.

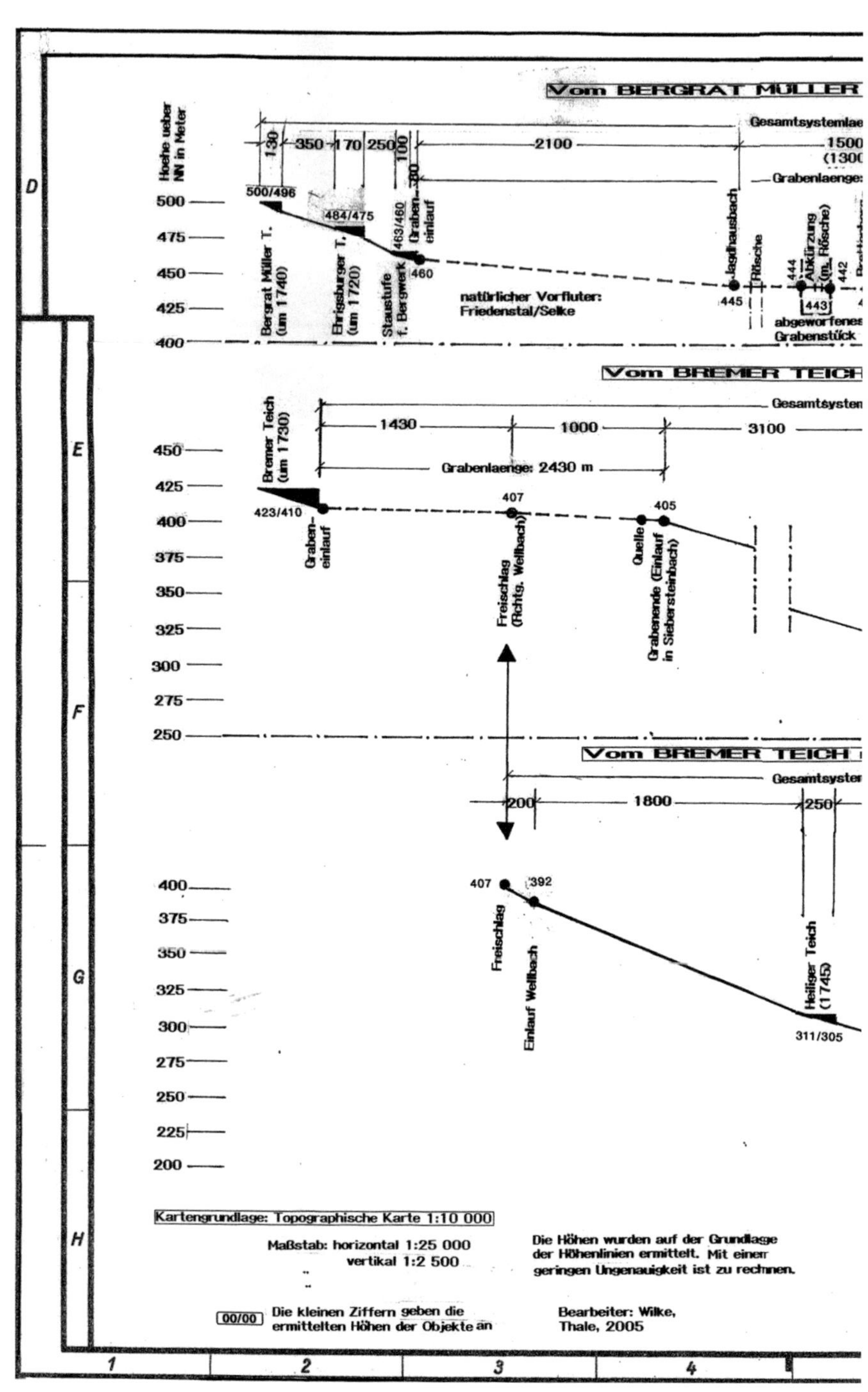
Vom BERGRAT MÜLLER
Hoehe ueber NN in Meter
Gesamtsystemlae
2100
1500
(1300
Grabenlaenge:
130
350
170
250
100
500/496
484/475
463/460
Graben-einlauf
460
500
475
450
425
400
Bergrat Müller T. (um 1740)
Ehrissburger T. (um 1720)
Staustufe f. Bergwerk
natürlicher Vorfluter: Friedenstal/Selke
Jagdhausbach
Rösche
445
444
Abkürzung (m. Rösche)
443
442
abgeworfenes Grabenstück
Vom BREMER TEICH
Gesamtsysten
1430
1000
3100
Grabenlaenge: 2430 m
Bremer Teich (um 1730)
423/410
407
405
450
425
400
375
350
325
300
275
250
Graben-einlauf
Freischlag (Rchtg. Wellbach)
Quelle
Grabenende (Einlauf in Siebersteinbach)
Vom BREMER TEICH
Gesamtsyster
200
1800
250
407
392
400
375
350
325
300
275
250
225
200
Freischlag
Einlauf Wellbach
Heiliger Teich (1745)
311/305
Kartengrundlage: Topographische Karte 1:10 000
Maßstab: horizontal 1:25 000
vertikal 1:2 500
Die Höhen wurden auf der Grundlage der Höhenlinien ermittelt. Mit einer geringen Ungenauigkeit ist zu rechnen.
00/00 Die kleinen Ziffern geben die ermittelten Höhen der Objekte an
Bearbeiter: Wilke, Thale, 2005

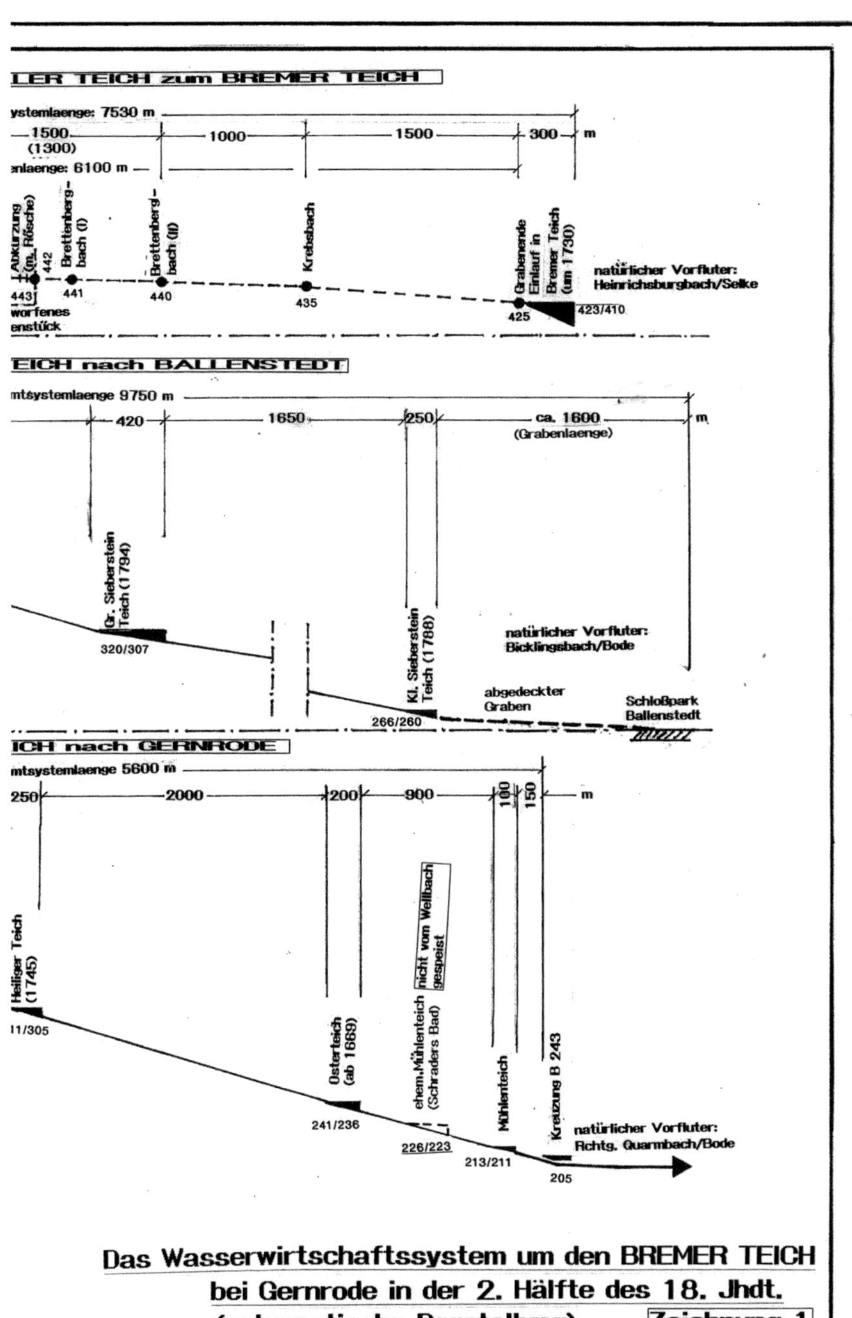

Das Wasserwirtschaftssystem um den BREMER TEICH bei Gernrode in der 2. Hälfte des 18. Jhdt.

(schematische Darstellung)

Zeichnung 1

Aufschlagwasser wurde zunächst vom Ehrigsburger Teich und ab etwa 1738 zudem aus dem Bergrat Müller Teich gewonnen. Doch auch in diesem Revier war der Bergbau nicht von langer Dauer. Bereits um 1745 kam auch im Ehrigsburger Revier der Bergbau zum Erliegen – was wohl an mangelnder Wirtschaftlichkeit lag. Es wurde fortan kein Wasser mehr für den Grubenbetrieb benötigt.

Doch ab etwa 1746 begann der Bergbau im Revier des Osterbergs durch die Initiative von Fürst Victor Friedrich von Anhalt-Bernburg wieder zu erblühen. Und die Gruben am Osterberg benötigten Wasser, was zum Anlass genommen wurde, die Speicherkapazität des Bergrat Müller Teiches und des Ehrigburger Teiches zu nutzen. Dazu wurde der 6.100 m lange Kunstgraben 2 aus dem Friedenstal zum Bremer Teich gebaut. So konnte das Wasser der beiden Teiche sowie das mehrerer kleiner Bäche des Friedenstals dem Bremer Teich zugeführt werden. Von dort konnte es dann über den Kunstgraben 1 in den Heiligen Teich und den Osterteich eingespeist werden, das heißt, dem Einzugsgebiet der Bode zugeführt werden. Jedoch brachte auch dieser neue große Aufwand keinen nachhaltigen Erfolg, denn bereits um 1750 wurde auch der Gernröder Bergbau am Osterberg wieder eingestellt. Die Teiche und auch die Kunstgräben konnten daher ihren eigentlichen bergbaulichen Zweck nicht mehr erfüllen und dienten fortan nur noch als Hochwasserschutz, später dann auch als Trinkwasserspeicher sowie zur Naherholung.

Zeichnung 1 – Seite 52 - 53
Schematische Darstellung der Gefällesituation
vom Bergrat Müllerteich zum Bremer Teich und
von dort nach Ballenstedt sowie nach Gernrode,
Bearbeiter: Günter Wilke, 2005

Stadt und Schlosspark Ballenstedt

Ballenstedt hat eine umfangreiche Teichlandschaft, die in sich ein Versorgungssystem darstellt. Darauf soll hier jedoch nicht weiter eingegangen werden. Nur der Bremer Teich und das in direktem Zusammenhang damit stehende Siebersteinstal sollen Schwerpunkt unserer Aufmerksamkeit sein.

Der Kunstgraben 1 führt von dem genannten Freischlag in das Wellbachtal weiter nach Osten, am Sternhaus vorbei, bis zum Siebersteinsbach. Kurz vor dem Einlauf nimmt er noch das Wasser einer kleinen Quelle auf, so dass die letzten 300 Meter auch in Folge des Rückstaus heute noch Wasser führen.

Über die beiden Siebersteinsteiche konnten somit sowohl der Schlosspark als auch die Stadt Ballenstedt mit Wasser versorgt werden. Um das zu gewährleisten musste jedoch eine künstliche Verbindung zum Schlossteich geschaffen werden, da der normale Vorfluter der Bicklingsbach ist. Es wurde daher ein abgedeckter Graben – Kanal genannt – gebaut. Dieser endet im Schlosspark und versorgt neben dem Schlossteich noch weitere in Fließrichtung der Selke liegende Einrichtungen.

Ob dieses Versorgungssystem bereits parallel während des Betriebes der Gernröder Bergwerke genutzt wurde oder erst nachdem der Bergbau zum Erliegen gekommen war, konnte nicht geklärt werden.

Zusammenfassung

Das beschriebene Gernröder Wasserwirtschaftssystem, mit seinen Teichen und Kunstgräben war durchaus in der Lage Wasser vom Friedenstal – von der Südseite des Rambergs – bis nach Gernrode bzw. nach Ballenstedt zu leiten.

Der zentrale Punkt in diesem System war der Bremer Teich. Ob bei seiner Planung und Ausführung die Gesamtplanung des Wasserwirtschaftssystems bereits fortgeschritten war, oder ob diese sich bedarfsabhängig ergab, war bisher nicht zu klären. Alles deutet jedoch auf ein gewisses Gesamtprojekt hin, denn ab etwa 1765 wurde begonnen, das Gelände westlich des Ballenstedter Schlosses im englischen Landschaftsstil zu gestalten. Wenig später kamen zudem die Teiche hinzu, die kontinuierlich mit Wasser versorgt werden mussten, um die Exklusivität des fürstlichen Schlossparks sicherzustellen.

Wie dem auch sei – ein zeitlicher Nachweis ist bisher nicht zu führen – verdienen die Erbauer des Wasserwirtschaftssystems unsere Hochachtung. Damals waren die technischen Möglichkeiten noch stark begrenzt: Handarbeit war durch nichts zu ersetzen. Welchen Aufwand die Errichtung eines solchen Systems mit sich brachte, das können wir heute mit unseren Maschinen, Fahrzeugen, Messgeräten und Technologien kaum noch nachvollziehen.

Jedoch soll in diesem kleinen Werk nicht weiter auf den Bau von Kunstgräben und Teichen eingegangen werden. Die Techniken waren die gleichen wie im Oberharzer Wasserregal und darüber gibt es einige Literatur, von der ein Teil auch im Literaturverzeichnis angeführt ist.

Literaturverzeichnis:

Bock, Obersteiger a.D., Vom alten Bergwerksbetrieb am Ramberg

Der Harz/Unser Harz, Monatszeitschrift, 1920 – 2018

Gmelin, Geschichte des teutschen Bergbaus, 1783

Fritsch, Gerald, Ein Kunstgraben im Ramberggebiet: Zusammenfassung der bekannten Fakten

Haase, Dr. Hugo, Kunstbauten alter Wasserwirtschaft im Oberharz, Piepersche Druckerei und Verlagsanstalt, Clausthal-Zellerfeld, 1997

Hartung, Hans, Aus der Geschichte von Gernrode, Verlag Carl Mittag

Harzverein für Geschichte und Altertumskunde, Jahresausgabe 1864 - 2016

Kellermann, Rosemarie und Gerhard, Chronik der Stadt Gernrode

Mertin, H., Der Gernröder Bergbau – der Ostharz, 1925

Oelke, Eckhard, Der Bergbau im ehemaligen anhaltischen Harz, Martin-Luther-Universität Halle, 1972

Pfennigsdorf, E., Geschichte der Stadt Harzgerode, 1901

Schmidt, Prof. Walter, Der Gernröder Zug, Dessau

Schmidt, Dr.-Ing. Martin, Die Wasserwirtschaft des Oberharzer Bergbaus, Schriftenreihe der Frontinus-Gesellschaft, Bergisch-Gladbach, 1989

Schwanecke, H., Kurzer Abriss über die gangförmigen Lagerstätten des Mittel- und Unterharzes, 1947

Sternal, Bernd, Bergbau im Gernöder Revier, BOD Norderstedt/Verlag Sternal Media, Gernrode, 2019

Talsperrenbetrieb Sachsen-Anhalt, Talsperren in Sachsen-Anhalt, Autorenkollegium, 1994

Zincken, J. C. L., Der östliche Harz mineralogisch und bergmännisch betrachtet, Braunschweig, 1825

Weitere Bücher aus dem Verlag Sternal Media

Die Harz-Geschichte
Autor: Bernd Sternal

Der Harz als nördlichstes deutsches Mittelgebirge war zu allen Zeiten eine Kulturscheide. Daraus entwickelt hat sich eine einzigartige Kulturlandschaft, eine Symbiose aus verschiedensten Landschaftsformen und Vegetationsstufen, einhergehend mit den unterschiedlichsten menschlichen Siedlungsstrukturen. Dieses Mittelgebirge, mit seinen Vorlanden, in all den Facetten seiner Entwicklung vorzustellen, ist Anliegen dieser Bücher.

Band 1: Von seiner geologischen Entstehung bis zur Zeit der Völkerwanderungen
Gebundene Ausgabe: ISBN: 978-3-8423-4263-7
Taschenbuch: ISBN: 978-3-8482-0263-8

Band 2: Das Früh- und Hochmittelalter:
Gebundene Ausgabe: ISBN: 978-3-8482-1339-9
Taschenbuch: ISBN: 978-3- 8482-0746-6

Band 3: Das Spätmittelalter:
Gebundene Ausgabe: ISBN: 978-3-7322-6348-6;
Taschenbuch: ISBN: 978-3-7322-6215-1

Band 4: Reformation, Bauernkrieg und Schmalkaldischer Krieg:
Gebundene Ausgabe: ISBN: 978-3-7357-5965-8
Taschenbuch: ISBN: 978-3-7357-5968-9

Band 5: Die Zeit des Dreißigjährigen Krieges:
Gebundene Ausgabe: ISBN: 978-3-7386-4027-4
Taschenbuch: ISBN: 978-3- 7386-3989-6

Band 6: Vom Westfälischen Frieden 1648 bis zum Ende der Napoleonischen Kriege 1815
Gebundene Ausgabe: ISBN: 978-3-7448-7017-7
Taschenbuch: ISBN: 978-3-7448-9724-2

Bergbau im Gernröder Revier

Von den vermutlichen Anfängen im Hochmittelalter bis zum endgültigen Erliegen im 20. Jahrhundert
Autor: Bernd Sternal

Der Bergbau hat den Harz und seine Randgebiete grundlegend geprägt. Über Jahrhunderte war dieses Gebirge eine der bedeutendsten Bergbauregionen Europas. Über die Bergbaugeschichte des Oberharzes und auch des Hochharzes und des Südharzes gibt es umfangreiche Dokumente, Schriften und Urkunden. Zudem wird der vor- und frühgeschichtliche Bergbau im Oberharz heute montanarchäologisch gründlich erforscht.

Jedoch hat auch der anhaltische Harz und in ihm die Gernröder Region eine Bergbaugeschichte. Von dieser ist leider wenig überliefert und entsprechende Forschungen lassen bis heute auf sich warten. Der Autor hat versucht von dieser spärlich dokumentierten Geschichte im Gernröder Revier ein Bild zu zeichnen. Dieses weist viele Lücken auf. Der Autor hofft jedoch, dass mit seinem kleinen Werk diese Lücke ein klein wenig geschlossen werden kann.

Illustriert wurde das Buch mit 18 schwarz-weiß und 9 Farbabbildungen, darunter Karten, Fotos sowie einige alte Darstellungen.

Taschenbuch ISBN: 978-3-7481-6803-4